研究開発を成功に導く

プログラムマネジメント

日本プロジェクトマネジメント協会　編

近代科学社

◆ 読者の皆さまへ ◆

平素より、小社の出版物をご愛読くださいまして、まことに有り難うございます。㈱近代科学社は1959年の創立以来、微力ながら出版の立場から科学・工学の発展に寄与すべく尽力してきております。それも、ひとえに皆さまの温かいご支援があってのものと存じ、ここに衷心より御礼申し上げます。

なお、小社では、全出版物に対してHCD（人間中心設計）のコンセプトに基づき、そのユーザビリティを追求しております。本書を通じまして何かお気づきの事柄がございましたら、ぜひ以下の「お問合せ先」までご一報くださいますよう、お願いいたします。

お問合せ先：reader@kindaikagaku.co.jp

なお、本書の制作には、以下が各プロセスに関与いたしました：

・編集：石井沙知
・組版・印刷・製本（PUR）・資材管理：藤原印刷
・カバー・表紙デザイン：藤原印刷
・広報宣伝・営業：山口幸治、東條風太

● 「P2M」は、特定非営利活動法人 日本プロジェクトマネジメント協会（PMAJ）の登録商標です。
「PMI」「PMP」は、Project Management Institute, Inc. の登録商標です。
その他、本書に記載されている会社名・製品名等は、一般に各社の登録商標または商標です。本文中の©、®、™等の表示は省略しています。

・本書の複製権・翻訳権・譲渡権は株式会社近代科学社が保有します。
・JCOPY 〈（社）出版者著作権管理機構 委託出版物〉
本書の無断複写は著作権法上での例外を除き禁じられています。
複写される場合は、そのつど事前に（社）出版者著作権管理機構（電話 03-3513-6969、FAX 03-3513-6979、e-mail: info@jcopy.or.jp）の許諾を得てください。

刊行にあたって

　「研究開発」は、企業組織そして国家の将来を拓く上で最重要な戦略活動です。しかし、時として組織内での理解に不足があることや、本質的に失敗のリスクを含むゆえにかえってリスク低減や効率化の徹底が不足することなどから、多大な投資の果てに成果に乏しい結果となることも少なくありません。これに関して、研究開発分野の第一線の実務者と研究者が日本プロジェクトマネジメント協会（PMAJ）の研究会に集まり、プロジェクト・プログラムマネジメントの視点で、効果的・効率的な研究開発の実行手法について議論を進めました。

　100年ほど前、エジソンは「天才は1％のひらめきと99％の努力である」と言いました。研究開発には、投入工数的に言えばわずかな創造的活動（1％？のひらめき）と、それを具体化するための多大な定型的活動（99％？の努力）が必要になります。創造性が重要であることはもちろんですが、問題は、未知なる将来への挑戦であるがゆえに、定型的活動の部分も当初は詳細が不明であり、時に半盲目的な試行錯誤にさらされることです。これが研究開発を遅らせ、また財務的・人的資源を浪費して、失敗という結果を招きます。さらに、近年の研究開発では、大規模化・複雑化・グローバルな競争激化だけでなく、急速に進化するAIなどのデジタル技術やネットワーク技術という、武器であると同時に脅威ともなる技術への対処も迫られます。

　こうした研究開発の各プロセスについて、プログラムマネジメントの知識は、どのような効果をもたらすのでしょうか？　第1に、戦略立案から遂行までのプロセスにおいて、なすべき努力の枠組みを可視化する「見える化」です。第2に、大きな人的資源を要する定型的な活動の計画と遂行の「組織化」と、その結果としての「確実性」と「効率化」です。結果として得られるより重要な効果は、管理業務に忙殺されるという陥りやすい落とし穴から、有能な中核的研究者やマネジャーを救い出し、本質的で知的創造性の高い業務に従事させることが可能になるということです。

　今般、4年間にわたる研究会における議論の中から、研究開発のマ

ネジメント理論の概要、研究開発を成功に導くプログラムマネジメントの考え方を提案するとともに、いくつかの分野における興味深い研究開発の事例を紹介する本書を刊行する運びとなりました。多くの分野で研究開発実務者各位のご参考になればまことに幸いです。

　最後に、本書の刊行に関し、執筆にあたった研究会の参加者と日本プロジェクトマネジメント協会関係者各位のご努力に敬意を表します。

2018年8月
日本工業大学大学院
客員教授　清水 基夫

はじめに

　バブルが崩壊した 1990 年代初期以降、日本は成長を止め、停滞していると感じられる。バブル崩壊後の日本の 1 人当たりの名目 GDP は約 450 万円前後で推移し、多くの大学や研究所の調査報告書は、イノベーションによる成長の必要性をその結言としている。日本では製造業が依然強いと言われており、中でも「現場」の生産性の高さが評価されている。しかし、高度成長期以来、QC サークルやカイゼン活動などを通して、すでに現場は多くの努力を重ねてきた。もし、現場の頑張りに限界が見えてきているとしたら、イノベーションを生むのは何であろうか。そして製造業が依然日本の強みであるのならば、製造業における富の源泉は何であろうか。

　どの分野の業務でも、上流での頑張りは、下流での頑張りよりも富の生産において多大な影響と効果を生む。製造業における上流とは、すなわち研究開発である。プロジェクトマネジメントの普及・拡大を推進することが使命である日本プロジェクトマネジメント協会（PMAJ）において、研究開発は、一部を除き過去には取り上げていない分野であったが、研究開発分野においても、建設・エンジニアリング・ICT 開発・製造などの業種において適用されていると同様の繊細さ・丁寧さ・緻密さ・簡潔さを持ってマネジメントされているのかと考え始めていた。

　このような疑問を抱き始めていたまさにそのとき、ある会員から、研究開発を対象としたプロジェクトマネジメントに関する会合を持てないかという提案があった。そこで清水基夫教授（当時）に相談した結果、研究開発活動とプロジェクトマネジメント活動を相互に関連づけることにより、研究開発の成功確率を上げることができるとすれば、非常に価値ある協会活動になるとの結論に至った。そこで、すぐさま製造業の研究開発に従事する数名の会員にこの考えを伝えたところ、全員が興味を示し、「研究開発マネジメント研究会」が発足したのである。そして 2014 年 11 月に研究会設立趣意書が合意され、活動を開始した。

その設立趣意書から引用する：

「研究開発は、イノベーションの基本であり事業創生、事業継続または拡大には不可欠である。しかし、研究開発から事業化までには、魔の川、死の谷、ダーウィンの海といわれる困難が待ち受けている。

これらの困難を乗り越えて事業を継続することは並々ならぬ努力を要するが、事業化できれば企業にとって素晴らしい成果が待ち受けている。事業化プロセスの中で、研究開発に焦点を当て、研究開発を成功させるためのプロジェクトマネジメントを向上させることを活動の目的とする。具体的には、プロジェクトマネジメント力に関係する開発目標・開発体制・開発プロセス・開発期間・開発費の指標に注目して、通常のプロジェクトと研究開発のプロジェクトを比較して研究開発プロジェクトの改善策を提案していく。」

巻末にある本書の著者が、このときの参加メンバーである。当初掲げた2年程度で研究開発へのプロジェクトマネジメント適用の可能性を探るという目標はあっという間に過ぎ、さらに約2年をかけて、本書の出版にたどり着いた。この間、ISO21500：2012「Guidance on project management：プロジェクトマネジメントの手引き」（英和対訳版）が発行され、続いてプログラムマネジメントの手引きも発行される予定である。そこで、複数のプロジェクトのマネジメントを対象とし、かつその最適化を目指す「プログラムマネジメント」が研究開発には適切であるとして、この研究会の通称とした。さらには、この本のタイトルにも繋がった。

本書が契機となり、多くの研究開発の従事者が、その業務へのプログラムマネジメント適用に興味を持ち、ご自身の研究開発を進める際の知恵の一部となり、困難とされる成功を目指して挑戦して頂ければ幸いである。結果として、日本の製造業が研究開発により活性化され、富を生み続け、さらには日本が成長し続ける。そのような未来が実現することを願ってやまない。

2018年8月
日本プロジェクトマネジメント協会
理事長　光藤　昭男

目　次

刊行にあたって　　i
はじめに　　iii

第 1 章
研究開発とプログラムマネジメント

1.1　はじめに………………………………………………………………2
1.2　研究・開発・事業の概要……………………………………………2
　　1.2.1　研究　　2
　　1.2.2　開発　　3
　　1.2.3　事業　　4
1.3　研究開発の現場………………………………………………………5
　　1.3.1　企業における研究開発　　5
　　1.3.2　企業における開発の事例　　6
　　1.3.3　最近の研究開発の成功事例　　7
1.4　研究開発プログラムマネジメントの必要性……………………9
　　1.4.1　研究開発に関わるマネジメント　　9
　　1.4.2　研究開発のプログラムマネジメント　　12
　　1.4.3　プログラムマネジメントの概要　　13

第 2 章
研究開発の事例とマネジメント面からの検証

2.1　はじめに………………………………………………………………20
2.2　JST の研究開発事例…………………………………………………21
　　2.2.1　JST の概要　　21
　　2.2.2　戦略的創造研究推進事業　　21
　　2.2.3　JST におけるプログラムマネジメント　　26

| 2.3 | **NEDO の研究開発事例** ································· 32 |

    2.3.1　NEDO の概要　32

    2.3.2　実用化の事例　35

| 2.4 | **JAXA の研究開発事例** ································· 42 |

    2.4.1　JAXA の概要　42

    2.4.2　JAXA の事業と組織　43

    2.4.3　JAXAの研究開発のライフサイクルとプログラムマネジメント　45

    2.4.4　JAXA におけるプロジェクトマネジメントの推進　47

    2.4.5　JAXA のプロジェクトマネジメントプロセス　49

    2.4.6　JAXA のプロジェクトマネジャーと人材育成　54

| 2.5 | **企業の研究開発事例（1）：宇宙開発** ····················· 55 |

    2.5.1　宇宙ロボットアーム開発の立上げ　55

    2.5.2　JEM 子アームの要素技術開発受注　57

    2.5.3　ETS-VIIツール部の開発受注　60

    2.5.4　MFD ロボットアームの開発受注　61

    2.5.5　3 プロジェクトの遅延およびその対策　62

    2.5.6　MFD ロボットアームの納入　63

    2.5.7　ETS-VIIツール部の納入　64

    2.5.8　JEM 子アームの納入　65

    2.5.9　まとめ　69

| 2.6 | **企業の研究開発事例（2）：オフィス機器** ················· 70 |

    2.6.1　新規事業立上げの問題点　70

    2.6.2　死の谷を越える組織横断プロジェクトマネジメントの展開　72

    2.6.3　魔の川を越える研究開発全テーマに展開可能な P2M 手法　78

    2.6.4　A 社研究開発部門での P2M 施策サマリーと今後の課題　82

第 3 章
研究開発を成功に導くプログラムマネジメント

| 3.1 | **はじめに** ·· 86 |
| 3.2 | **研究開発プログラムの構成** ·························· 86 |

    3.2.1　研究プログラムのマネジメント概要　87

3.2.2　開発プログラムのマネジメント概要　　91
　　　3.2.3　事業化プログラムのマネジメント概要　　95
3.3　研究開発マネジメントのパターン化 ……………………………… 97
　　　3.3.1　研究開発プログラムのパターン化　　97
　　　3.3.2　連続型プログラムマネジメント　　98
　　　3.3.3　逆算型プログラムマネジメント　　106
　　　3.3.4　昇華型プログラムマネジメント　　114
　　　3.3.5　3つのマネジメントパターンの特徴　　118
3.4　研究開発の成功 ……………………………………………………… 120

おわりに　　123
用語解説　　125
参考文献　　128
索引　　131

第 1 章

研究開発と
プログラムマネジメント

1.1 はじめに

　本章では、研究、開発、事業の概要を説明し、企業等における研究開発の事例を紹介する。現場には、技術と格闘しながら研究開発に取り組んでいる研究者・開発者、そしてマネジメントを行っているリーダーがいること、さらに、研究開発を成功に導くためのマネジメントとしてプログラムマネジメントが適していることを説明する。

1.2 研究・開発・事業の概要

　一般的に「研究開発」と続けて表現するが、研究と開発は大きく異なる。そこで研究と開発を分けてそれぞれの概要を説明し、さらに研究開発の最終的な目的である事業についてもその概要を説明する。

1.2.1 研究

　研究とは、新たな知見を明らかにすることである。図 1.1 に示すとおり、研究は大きく「基礎研究」と「応用研究」に分けられる。

　基礎研究は、特別な応用や用途を直接に考慮することなく、仮説や理論を形成するため、もしくは現象や観察可能な事実に関して新しい知識を得るために行われる、理論的または実験的研究である。

　また、基礎研究は、さらに「理論研究」と「実験研究」に分類できる。理論とは、個々の事実や認識を統一的に説明し、予測することのできる普遍性を持つ体系的知識のことで、理論研究とは、理論の構築やモデル化を目指す研究である。理論研究においてはオリジナリティが重視されるが、そのオリジナリティを大きな成果に結びつけるためには、研究グループ内でディスカッションを行ったり、実力者の指導

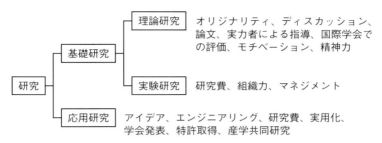

図 1.1　研究の概要（参考文献［1］-［3］より作成）

のもとで論文を発表し、国際学会において世界的な評価を受けたりすることが大切である。出口が見えにくい理論研究を続けるためには、研究を進めるモチベーションと精神力が非常に重要となる。

　実験研究は、理論研究の成果を検証するため、または理論を究明するために実験を行って研究することである。実験研究では、実験装置を含む多くの研究費、大きな実験を行うための組織力、計画どおりに進めるためのマネジメントが必要となる。

　一方、応用研究とは、基礎研究によって発見された知識を利用して、特定の目的を定めて製品への実用化の可能性を確かめる研究や、すでに実用化されている方法に関して新たな応用を探求する研究のことをいう。

　応用研究では、基礎研究の成果を技術・製品に繋げる。製品のアイデアをイメージしながら、必要なエンジニアリングを行って製品の具体化を検討し、研究費を集め、実験装置を作って実験を行い、実用化の見通しを得る。学会でのブラッシュアップ、特許取得、産学共同研究なども、大きな成果を上げるためには必要である。

1.2.2　開発

　開発とは、新しい技術を現実化・実用化することであり、図 1.2 に示すとおり、製品開発とサービス開発からなる。サービスとは、製品ではなく効用や満足などを提供することである。

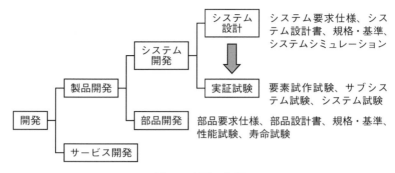

図 1.2　開発の概要

　製品開発は、図 1.2 に示すようにシステム開発と部品開発に分けられる。製品開発におけるシステムとは、定義された目的を成し遂げるために、相互に作用する要素を組み合わせたものである。
　システム開発ではまずシステム設計を行い、製作を経て実証試験によりシステムの検証を行う。システム設計では、まず、システムを定義する「システム要求仕様」を作成し、次にその要求仕様を満足するシステムを実現する「システム設計書」を作成する。システム設計書は、システム要求仕様で設定された規格・基準を満足している必要がある。
　さらに、システム設計書で定義した機能・性能・信頼性を、解析やシステムシミュレーションを行って確認する。続いて、構築したシステムを検証するために実証試験を行う。ここでは、まず要素試作試験、次にサブシステム試験を行い、最後にフルスケール試験を実施する。
　一方、部品開発では、部品の要求仕様を満足する「部品設計書」を作成し、それに基づいて部品を製作して、性能試験および寿命試験を実施する。

1.2.3　事業

　事業とは、生産・営利など一定の目的を持って、継続的に組織・会社・商店などを経営することである。

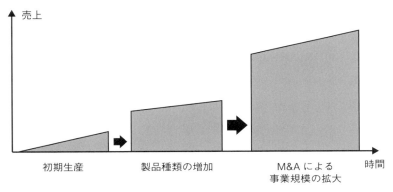

図1.3　事業拡大の典型的なパターン

　事業拡大の典型的なパターンを図1.3に示す。製品開発が終了し、事業化に進める場合、通常は大きな事業リスクを避けるために初期生産[1]から開始する。売上が増加すると、次に、製品の種類を増やしてより売上を拡大する戦略がとられる。さらに、同様な製品を他社も販売している場合は、M&Aにより事業規模を拡大する。M&Aは、過当競争の回避、製品種類の増加、組織の合理化などによるコスト競争力向上といった効果があり、これらによるシェア拡大が見込める。

1.3 研究開発の現場

1.3.1　企業における研究開発

　企業は、消費者のために製品を研究開発して事業化し、提供する。このため、研究開発は企業成長のエンジンであると言われ、企業にとって必要不可欠なものである。しかし、研究開発の現場には沢山のステークホルダーが関わり、事業化に至るまでは、山あり谷ありの長

---

[1] 初期生産は一般的に製品の少量生産を意味するが、実際の数量は業種により異なる。

い道のりを必要とする。したがって、研究開発を成功させ事業化するためには、経営者の強い意志、研究開発リーダーの力量、研究開発チームの技術力を結集して取り組むことが重要となる。同時に、外部環境である市場環境の変化、競争環境の変化、競合メーカーへの対応も迫られる。

また、研究開発リーダーは計画どおりに研究開発を推進させるために全力で取り組み、研究開発チームは時間のプレッシャーと戦いながら担当している研究開発に取り組む。また、経営者は計画どおりに成果が出ることを期待するが、研究開発計画書には全ての技術リスクが織り込まれているわけではないので、時として研究開発の遅延、研究開発費の不足、人員の不足等の問題により、研究開発計画の変更が発生する。

以上から、研究開発を成功させるためには、内部環境と外部環境に対応しながら、複数のプロジェクトを同時並行に進めるためのマネジメントが必要になる。

1.3.2　企業における開発の事例[4]

ある企業において実際に行われた複数の開発プロジェクトの評価事例を、図 1.4 に示す。開発指標として、開発仕様、開発体制、開発期間、マネジメント、開発費を設定し、各指標の計画値と開発終了時点での実績値の比率をレーダチャートにした。比率 1 は、計画どおりに終了できたことを意味する。一方、比率 1 以上は、開発仕様を除き、指標が悪化したことを意味する。

理想的な開発プロジェクトは、比率 1 の正五角形となる。しかし、現実のプロジェクトでは、比率が大きく悪化するケースが存在する。事例 A は、開発仕様を達成するために、開発体制の強化、開発期間の延長、マネジメントの強化をせざるをえなくなり、開発費の増加を招いたものである。事例 B は、全ての指標が計画どおり進み、完了したものである。事例 C は、開発仕様が未達の状態で開発を終了したケースである。

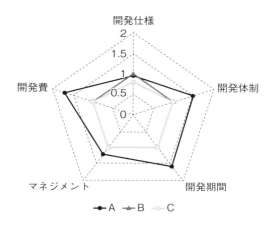

指標＝終了時の数値／計画時の数値
図1.4 複数の開発プロジェクトの評価事例

1.3.3 最近の研究開発の成功事例

　ここでは、研究開発を経て事業として成功した最近の例を2件取り上げる。青色発光ダイオードは研究者が自分の考えを信じて長期間の研究を継続して成功させた例であり、イベルメクチンは製薬会社との共同研究により事業化まで達成した例である。

(1) 青色発光ダイオード（LED）[5]

　2014年、青色LEDを発明した日本の研究者、赤崎勇氏、天野浩氏、中村修二氏の3名がノーベル物理学賞を受賞した。青色LEDの登場により赤・緑と合わせて光の3原色が揃い、それらを組み合わせることで様々な色が表現できるようになり、自動車のヘッドライト、ディスプレイのバックライトなどへの利用が進んでいる。また、LEDは少ない電力でも利用できるため、太陽光発電などを利用し、電力系統の届かない地域に暮らす15億人以上の人々の生活の質の向上に役立つと評価されている。

　1960年代に、放出するエネルギーが比較的小さい赤と緑のダイオー

ド開発が成功した。1970年代からの青色を目指す競争は激しかったものの、研究は難航した。材料として有望と目されていた窒化ガリウムは非常に硬いため良質な結晶を作れず、もう一つの候補であったセレン化亜鉛では、短時間しか発光させることができなかったのである。赤城氏は、「青色発光の本命は窒化ガリウムである」と確信して研究を推進し、その結果、1989年に天野氏と共に開発に成功した。

一方、中村氏は、赤崎氏らとは別に、1990年に良質な窒化ガリウム結晶の大量生産を可能にする技術にたどり着いた。そこで最初から窒化ガリウムに狙いを定め、勤務先である日亜化学工業㈱の新規事業として青色LEDを選択した。大手メーカーが手掛けておらず、実用化しても競合しないと判断したためである。その後、日亜化学工業は、一躍青色LEDの最大手になった。

(2) イベルメクチン[6]

2015年、「線虫の寄生によって引き起こされる感染症に対する新たな治療法に関する発見」により、ウィリアム・キャンベル氏と共に大村智氏がノーベル生理学・医学賞を受賞した。大村氏は、山梨大学でのワイン生産の研究を経て、1965年に北里研究所で抗生物質の研究を開始した。その後、1971年から米国の大学でプロマイシンやセルレニンの研究を行い、留学時に米国の大手製薬会社メルクと「土壌中の微生物から有用な物質を探し出し、動物の抗生物質などの開発に使う」というテーマの共同研究を計画した。1973年に帰国した後は、メルクと産学共同研究に関する契約を締結して北里研究所での研究体制を強化し、メルクとの共同研究により研究費を確保して研究を続けた。

1975年、大村氏はメルクと組んで寄生虫を殺す効果を示す物質「エバーメクチン」を発見し、1978年に特許を成立させた。エバーメクチンは寄生虫を殺す動物の薬として製品化され、その後、改良を経て家畜の寄生虫病の薬「イベルメクチン」となり、さらに1987年に人間の治療薬に改良された。この薬は、蚊が媒介し人間が罹患するリンパ系フィラリア症や、ブヨが媒介するオンコセルカ症の治療薬として

普及した。熱帯に住む人々に無償供与され、多くの人を救っている。

1.4 研究開発プログラムマネジメントの必要性

　この節では、研究開発に関わるマネジメントの歴史的な推移、研究開発プログラムマネジメントの必要性、および最近日米欧で提案されているプログラムマネジメントの概要について説明する。一般に、非定常業務のマネジメントはプログラムマネジメントとプロジェクトマネジメントの2階層からなる。

1.4.1　研究開発に関わるマネジメント

　19世紀前半までの研究開発型製造業は、新しい技術を個人発明家から買い取り、それを販売するなど、いわばサービス業のような事業を行っていた。19世紀後半になると、化学分野において科学と技術の「相互浸透」が生まれ、研究者による基礎研究の成果がそれを応用する起業家に伝わり、製品として実用化されるようになった。これを背景に、バイエル社、バスフ社、ヘキスト社など当時ドイツに本拠を置いた総合化学企業が社内に研究所を作り、現在の企業内研究所のモデルとなった。

　1920年代以降、企業内研究所はいくつもの大ヒット商品を生み出した。特に米国では、デュポンの研究所からナイロンが、ベル研究所からトランジスタが発明され、製品のヒットとともに権利を独占できたことにより、莫大な利益を生み出した。1950年代から60年代にかけては、技術の無限の可能性により、多くの企業が高い経済成長と収益を実現した。しかし、当時の研究開発の方法は、次に示すようなごく原始的なものであった。

　企業は、大学や個人研究所から有能な研究者を引き抜き、高い水準の研究設備を備えた企業内研究所に迎え入れ、研究者の考えの赴くま

まに研究を続けさせた。能力の高い研究者、研究資金、研究設備を揃えて時間を与えれば、科学的発見がもたらされ、そこから新製品が生まれるというわけである。このような研究の進め方を「線形モデル」という。しかし、企業内研究所の新発見を事業化するということは、新発見がなければ事業化もできないということであり、事業経営が不安定になることが想定される。

　そこで、米国では1980年代半ばに、線形モデルの矛盾点を改善するために、「連鎖モデル」が提案された。連鎖モデルでは、新製品の形成プロセスは、科学技術知識の生成過程と密接に連携しながらも、そのスタート地点は市場発見であるとしている。連鎖モデルは大きく支持された。その理由は、企業研究所内の新発見がなくても、市場発見から多くの新製品が世の中に提供でき、事業経営が安定するためである[7,8]。

　ここで、最近の研究開発に関わるマネジメントとして、「イノベーションマネジメント」、「技術経営」および「DARPAモデル」を紹介する。

(1) イノベーションマネジメント（innovation management）[9]

　1934年、経済学者のヨーゼフ・シュンペーターは、「イノベーションとは、新しいものを生産する、あるいは既存のものを新しい方法で生産することである」と定義した。生産とは、利用可能な物や力を結合することであり、つまりイノベーションとは物や力を従来とは異なるかたちで結合することを指す。そして、シュンペーターは、イノベーションには次の5つの種類があると論じている。

　①まだ消費者に知られていない新しい商品や、商品の新しい品質の開発
　②未知の生産方法の開発
　③従来参加していなかった市場の開拓
　④原料ないし半製品の新しい供給源の獲得

⑤新しい組織の実現

これらのイノベーションのマネジメントは、「イノベーションの特質を理解し、その創出や活用に主体的に取り組み、そうした取組みを促進、支援（あるいは時に制約）すること」と定義されている。マネジメント対象には、企業のみならず、政府や大学も含まれている。

(2) **技術経営（MOT：Management of Technology）**[10]

MOTとは、技術を経営の立場からマネジメントすることである。1962年に、米国マサチューセッツ工科大学（MIT）のエドワード・ロバーツらが中心となり"Management of Science & Technology"の研究分野を立ち上げ、その後、1981年にビジネススクールの中に"Management of Technology"のコースを設置した。

MOTの目的は、製造企業において安定的に高い業績を上げることで、その対象範囲により、以下の3つに分類される。

①技術管理を狭義に捉えた経営工学をベースにしたもの
②革新的なイノベーションや新技術をベースとした新事業創造や、ベンチャー企業のあり方などを中心に取り扱ったもの
③経営学をベースとしたもの

(3) **DARPAモデル**[11]

DARPAモデルでは、極めてハイリスクであるがインパクトの大きい研究開発に資金を支援する。優秀なプログラムマネジャーを産官学から招聘し、概ね3〜5年間のプログラム実施期間中は、基本的に同一のプログラムマネジャーに責任と権限を付与し、研究開発のマネジメントを行う。

米国の研究開発予算の約半分は国防関係の研究開発に充てられており、そのうちの約5％がDARPA（米国国防総省国防高等研究計画局）に配分されている。これにより、これまで半世紀もの間、DARPAは圧倒的なイノベーションを創出してきた。例えば、インターネット、RISCコンピューティング、全地球衛星航法システム（GPS）、ス

テルス技術、無人飛行機（ドローン）等である。

　DARPAの役割は、米軍が現在直面しているニーズに対応するのではなく、将来のニーズに対応するための革新的研究を支援し、実用化を加速することである。具体的には、大学等で行われている基礎研究、最先端技術の発見、システム概念の発明と、陸・海・空軍による実用化研究との間を埋める橋渡し役を担っている。なお、研究テーマを選定する際の基準としては、ハイルマイヤーによるものが有名である。

1.4.2　研究開発のプログラムマネジメント

　研究開発から事業化までのイノベーションを図1.5に示す。まず、社会的なニーズと技術的なシーズを踏まえて製品コンセプトが構築される。このとき、ニーズから研究開発を開始する場合は「ニーズオリエンテッド」、シーズから研究開発を開始する場合は「シーズオリエンテッド」と呼ばれる。構築された製品コンセプトが研究開発を経て事業化されるまでのプロセスを、計画的かつ効率よく推進するためには、研究開発のマネジメントが必要となる。

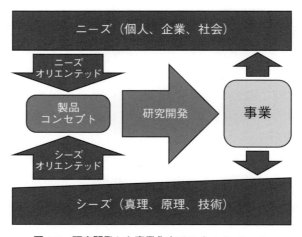

図1.5　研究開発から事業化までのイノベーション

最近では、マネジメント対象をプロジェクトまたはプログラムに定義し、適切にマネジメントしようとする手法が確立されている。プロジェクトは、繰返しのないこと（個別性）と完了の期限を有すること（有期性）を特徴とする活動であり、プログラムは、組織戦略の実現などの目的達成のために、複数のプロジェクトを有機的に組み合わせた統合的な活動である。そして、プロジェクトとプログラムそれぞれに対応して「プロジェクトマネジメント」と「プログラムマネジメント」が定義されている。プロジェクトマネジメントは、品質・コスト・納期（QCD）の目標を設定し、それを達成するために実施される。一方プログラムマネジメントでは、プログラムミッションを達成するために複数のプロジェクトをマネジメントする。

　研究開発に両マネジメントを適用する場合の目標、プロセスの関係性を、表1.1に示す。研究段階のプロジェクトでは、研究目標は固定で、プロセスも固定になる。一方プログラムでは、研究目的を達成するために設定された目標は、研究目的を変更しない範囲で変動が許容され、プロセスは反復的となる。これは、目的を達成するためには研究を繰り返す必要があるためである。

　開発段階のプロジェクトでは、時間的な制約条件が厳しいため、目標もプロセスも固定となる。一方プログラムでは目標は固定であるが、いろいろな開発リスクに対応するために、プロセスは反復を許容する。

表1.1　研究開発とマネジメントとの関係性

区分	マネジメント	目標	プロセス
研究	プログラム	変動	反復
	プロジェクト	固定	固定
開発	プログラム	固定	反復
	プロジェクト	固定	固定

1.4.3　プログラムマネジメントの概要

　ここでは、日本プロジェクトマネジメント協会『プログラム＆プロ

ジェクトマネジメント標準ガイドブック』(P2M 標準ガイドブック)、米国プロジェクトマネジメント協会『プログラムマネジメント標準』および"Gower Handbook of Programme Management"で定義されているプログラムマネジメントの概要を説明する。

(1) **日本プロジェクトマネジメント協会（PMAJ）におけるプログラムマネジメント**[12]

まず、プログラムマネジメントの概念を図 1.6 に示す。本図におけるプログラムマネジメントの範囲は、「プログラムミッション」以降である。まず、「経営戦略」の中で「事業戦略」が立案され、それを受けてプログラムミッションが設定される。そのプログラムミッションを達成するために、「プログラム統合マネジメント」を行う。

プログラム統合マネジメントにおける「プログラム創生」では、「ミッションプロファイリング」を行いながら「プログラムデザイン」を進める。ミッションプロファイリングとは、事業戦略を分析して、戦略を実践できるようにプログラムミッションを詳細化し、達成シナリオを描くプロセスである。また、プログラムデザインとは、ミッションプロファイリングで想定した達成目標（価値）に対応して、プログラムのアーキテクチャ（プロジェクト群の構成）を設計することである。こうしてプログラムの達成目標を明確にした後、「プログラム実行」に移行する。プログラム実行は、設定した達成目標（価値）の確実な実現を目指すプロセスである。

プログラムは通常複数のプロジェクトから構成され、プログラム創生とプログラム実行においては、プログラム戦略、リスク、価値評価のマネジメントを行いながら、プログラムの価値を高めていく。プログラム戦略マネジメントでは、プログラムミッションの本質を正しく解釈し、目的、目標、手段の相互関係を明らかにし、プログラムをマネジメントする。プログラムリスクマネジメントでは、プログラムそのものの持つ事業リスク、ミッション実現のためのプロセス全体におけるリスク、さらに個々のプロジェクトのリスクがプログラムにもたらすインパクトなどのリスク事象を評価し、プログラムミッションの

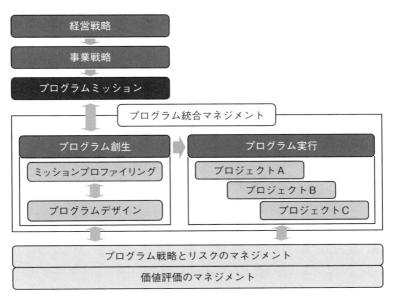

図 1.6 『P2M 標準ガイドブック』におけるプログラムマネジメント

実現に向けてリスクをマネジメントする。価値評価マネジメントでは、プログラム全体を通じてプログラムに含まれている価値を体系的に評価し、その価値を維持し、価値をさらに向上させるマネジメントを行う。

『P2M 標準ガイドブック』では、プログラムを「オペレーション型」と「戦略型」とに分類している。オペレーション型プログラムは、コンセプトが当初から明確にステークホルダー間で共有されている形態であり、例えば、建設関連、資源関連、IT 関連等のプログラムが該当する。戦略型は、当初あいまいで抽象的なプログラムのコンセプトを次第に明確化していく形態であり、組織改革、新ビジネスモデル、創作活動などが該当する。『P2M 標準ガイドブック』では、研究開発は戦略型プログラムと位置づけられている。概念的な戦略的目的のみを掲げたプログラムであるため、最初は具体的な達成目的が明確でなく、何が適切な戦略目標と言えるのかを定めるプロセスが重要となる。

⑵ 米国プロジェクトマネジメント協会（PMI）におけるプログラムマネジメント[13]

米国プロジェクトマネジメント協会（PMI）では、プログラムを「個々にマネジメントすることでは得られないベネフィットを実現するために、調和のとれた方法でマネジメントされる、相互に関連するプロジェクト、サブプログラム、およびプログラムのグループ」と定義している。

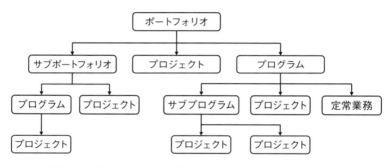

図1.7　ポートフォリオ、プログラム、プロジェクト等の概観

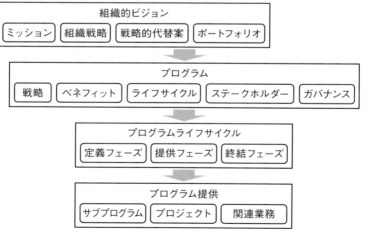

図1.8　ポートフォリオ、プログラム、プロジェクト等の関係

プロジェクト、プログラムおよびサブポートフォリオを束ねたものをポートフォリオという。図1.7に、ポートフォリオ、サブポートフォリオ、プログラム、プロジェクトおよびその定常業務の概観を示す。また、組織戦略と目標、ポートフォリオ、プログラム、およびプロジェクトの間の関係を図1.8に示す。

(3) GHPM（第2版）におけるプログラムマネジメント[14]

　GHPM（Gower Handbook of Programme Management）は、プログラムマネジメントに関する世界の有識者が作成したハンドブックである。GHPMでは、プログラムを「高度な戦略目的を達成するためのプロジェクトの集合」と定義している。組織におけるプログラムを、図1.9に示す。プログラムは、(a) 組織の中で単独で存在する場合、(b) ポートフォリオの中に複数のプログラムが存在する場合、(c) ポートフォリオの中にサブポートフォリオが存在しその中にプログラムがある場合、が想定され、いずれのプログラムにも複数のプロジェクトが含まれている。

　戦略（事業戦略）、ポートフォリオ、プログラム、プロジェクト

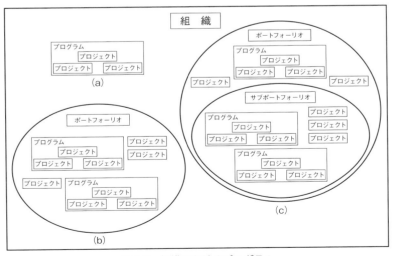

図1.9　組織におけるプログラム

1.4　研究開発プログラムマネジメントの必要性

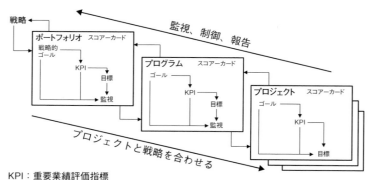

KPI：重要業績評価指標
スコアーカード：複数の目標をリストアップした表のイメージ

図 1.10　戦略、ポートフォリオ、プログラム、プロジェクトの関係

は、図 1.10 に示すように関係付けしてマネジメントされる。ポートフォリオ、プログラム、プロジェクトには、それぞれゴール、KPI（Key Performance Indicator、重要業績評価指標）、目標が設定され、また、ポートフォリオとプログラムの段階では目標に対する結果が監視される。戦略目標を達成するためには、ポートフォリオとプログラムにおいて KPI を監視し、必要があればプロジェクトのゴールを改善する。なお、GHPM では、プログラムマネジメントを適用した事例として、宇宙、航空、自動車等の分野における 14 の事例が紹介されている。

第2章

研究開発の事例とマネジメント面からの検証

2.1 はじめに

研究開発は、図 2.1 に示すように、いろいろな機関で積極的に進められている。研究と開発はそれぞれ別の組織で実施され、最終的には成果が効率よく事業に引き継がれていく必要がある。

研究開発の最終的な目的は、事業化である。そのため、研究開発組織は事業化組織との連携強化を図ることが重要である。同時に、事業化組織は研究成果・開発成果に関する情報を絶えず収集し、新事業に繋がる可能性を検討し続ける必要がある。

次節より、主に大学の研究を支援している科学技術振興機構（JST）、大学・企業・スタートアップを支援している新エネルギー・産業技術総合開発機構（NEDO）、宇宙開発を先導している宇宙航空研究開発機構（JAXA）、そして民間企業における研究開発の事例を示す。

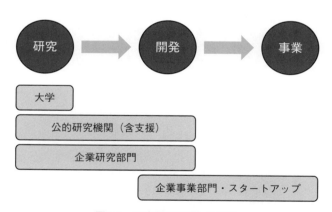

図 2.1　研究開発に関わる組織

2.2 JSTの研究開発事例

2.2.1 JSTの概要

　国立研究開発法人科学技術振興機構(以下JST)は、文部科学省所管の国立研究開発法人であり、研究開発戦略の立案、研究開発の推進をはじめ、科学技術イノベーションの推進に関わる幅広い事業を展開している。予算規模(支出ベース)は約1,200億円、常勤職員数は約1,200人(2017年度)である[15]。

　研究開発の推進に関する事業の中には、内閣府の関連事業である「戦略的イノベーション創造プログラム」(以下SIP)と「革新的研究開発推進プログラム」(以下ImPACT)が含まれている。SIPは「内閣府総合科学技術・イノベーション会議」(以下CSTI)が、自らの司令塔機能を発揮し、府省や旧来の分野の枠を超えたマネジメントにおいて主導的な役割を果たすことを通じて、科学技術イノベーションを実現するために、2014年度に創設したプログラムである。CSTIが重点課題として11の課題を選定し、そのうち5つの課題が、JST単独もしくは他機関と合同で運営されている。またImPACTも、同じくCSTIがハイリスク・ハイインパクトな研究開発を促進し、持続的な発展性のあるイノベーションシステムの実現を目指して創設したプログラムで、CSTIの主導の下で2014年度からJSTにより運営されている。

　以上をはじめJSTの事業活動は多岐にわたるが、以下では、本書の趣旨に鑑み「戦略的創造研究推進事業」を紹介する。

2.2.2 戦略的創造研究推進事業

　戦略的創造研究推進事業は、科学技術政策の分類において「競争的資金」に分類される。競争的資金は、「第3期科学技術基本計画」に

おいて「資源配分主体が広く研究開発課題等を募り、提案された課題の中から、専門家を含む複数の者による科学的・技術的な観点を中心とした評価に基づいて実施すべき課題を採択し、研究者等に配分する研究開発資金」と定義されている。2016年度から開始された「第5期科学技術基本計画」においても、政府として競争的資金の充実強化を図ることが示されている。

　また、2015年度の政府の競争的資金の総額は約4,213億円で、JSTはそのうち約22％の943億円を獲得している。なお、最も金額が大きいのは日本学術振興会の運営する「科学研究費助成事業（科研費）」であり、総予算額は2,273億円で、約54％を占める。

　一方で、「競争的資金の拡充と制度改革の推進について」（平成19年6月14日総合科学技術会議基本政策推進専門調査会）等に基づき、基礎研究の多様性・継続性の確保、シームレスな仕組みの構築、若手・女性研究者に魅力的な研究環境づくり、ハイリスクでインパクトのある研究や独創的な研究の強化、評価体制の強化、公正・透明で効率的な配分・使用システムの確立などの制度改革が進められている。

　戦略的創造研究推進事業は、国が定めた方針の下で戦略的な基礎研究を推進し、社会・経済の変革をもたらす科学技術イノベーションを生み出す、新たな科学知識に基づく革新的技術のシーズを創出することを目的としている。言い換えると、図2.2に示す「出口（革新的技術のシーズ）を見据えた研究」である。なお、前述のSIPやImPACTは、図2.2における「出口から見た研究」であると言える。

　本事業は、「戦略目標の実現に資する創造的な新技術の創出に向けた基礎研究（新技術シーズ創出研究）」、「中長期にわたって温室効果ガスの削減を実践するための従来技術の延長線上にない新たな科学的・技術的知見に基づいた革新的技術の研究（先端的低炭素化技術開発（ALCA））」、「社会を直接の対象として、自然科学と人文・社会科学の双方の知見を活用した、関与者との協働による研究開発（社会技術研究開発（RISTEX））」から構成されている。このうち「新技術シーズ創出研究」は、以下のプログラム等から構成されている。

「出口を見据えた研究」（※）における「出口」のイメージ ※研究者が主体となって、未来社会のあるべき姿の達成を見据えて行う研究		「出口から見た研究」（※）における「出口」のイメージ ※PM・PDが主体となって、現在直面している明確な課題の解決のために必要な研究
研究者 → 「出口」＝未来社会のあるべき姿の達成		「出口」＝現在直面している課題の解決 「出口」● ←→ （課題解決に必要な研究） PM
拡がりがある （未来社会のあるべき姿として設定）	「出口」の粒度	シャープ （直面する具体的課題として明確に切り出し）
出口までの時間は相対的に長い 点から拡がっていく	「出口」の実現	出口までの時間は相対的に短い 1点に収束して向かっていく
イノベーションで拓く 2025 年の日本の姿の例 ・人工知能を有するロボットによる家事負担の軽減 （長期戦略指針「イノベーション 25」2007 年 6 月 1 日閣議決定より） エネルギー利用の飛躍的な高効率実現のための界面現象の解明や高機能界面創成等の基盤技術の創出 （戦略的創造研究推進事業（新技術シーズ創出）平成 23 年度戦略目標）	例	4K 放送は 2014 年に、8K 放送は 2016 年に、衛星放送等における放送開始を目指す。このため、技術検証などの環境整備を行う。 （世界最先端 IT 国家創造宣言 2013 年 6 月 14 日閣議決定より） （プリウスでは 1994 年に）「燃費を二倍にした車を 1997 年中に発売する」という明確な「出口」が示された。 （内山田竹志 経団連副会長／トヨタ自動車会長『「出口」から引っ張る科学技術イノベーション』月刊 経団連 2014 年 4 月号）

図 2.2 「出口を見据えた研究」における「出口」のイメージ
出典：戦略的な基礎研究の在り方に関する検討会 報告書（文部科学省）
2014 年 6 月 27 日

① CREST

　研究領域ごとに任命される研究総括（PO：Program Officer）の運営の下、科学技術イノベーションに繋がる卓越した成果を生み出すネットワーク型研究（チーム型）。独創的で国際的に高い水準の目的基礎研究を推進する。

・研究期間：5.5 年
・研究費：総額約 1.5〜5 億円／課題
・総領域数：31
・総課題数：263（領域数、課題数は 2015 年度末。以下②〜④も同様）
・成果例：iPS 細胞の創出

②さきがけ

　研究領域ごとに任命される研究総括の運営の下、科学技術イノベーションの源泉を生み出すネットワーク型研究（個人型）。研究者同士が交流・触発しあって新たなネットワークを形成しながら、目的基礎研究を推進する。

　・研究期間：3.5 年
　・研究費：総額約 3〜4 千万円／課題（3 年型）
　・総領域数：32
　・総課題数：515
　・成果例：トンネル磁気抵抗（TMR）素子開発

③総括実施型研究（ERATO）

　卓越したリーダーによる、人中心の研究システムである。既存の組織や研究にとらわれない独創的な基礎研究を推進する。科学技術の源流をつくり、科学技術イノベーションの創出に貢献する。

　・研究期間：5 年
　・研究費：総額約 12 億円／プロジェクト
　・総プロジェクト数：18
　・成果例：透明酸化物半導体 IGZO の開発

④ ACCEL[16]

　2013 年度に発足した新しい制度。戦略的創造研究事業などで創出された、世界をリードする研究成果について、技術的成立可能性の証明・提示（POC：Proof of Concept）および適切な権利化を推進する。各課題にプログラムマネジャーが配置されており、研究代表者と協力して、価値創造のビジョンと具体的用途の設定から研究開発のマネジメントまでを行う。プログラムマネジャーの配置により、研究代表者は研究開発に専念することができる。

　・研究期間：5 年以内
　・研究費：約数千万円〜3 億円／年・課題
　・総課題数：13

図 2.3 に新技術シーズ創出研究の実施体制を示す。図内の用語の意味は以下のとおりである。

・戦略目標
　国の科学技術政策や社会的・経済的ニーズを踏まえ、文部科学省が設定し JST に提示するミッション。

・研究主監（PD：Program Director）会議
　事業横断的な運営方針の提示・共有、新規研究領域・研究総括の事前評価、各研究領域を超えた最適資源配分、連携推進、調整を担っており、全体マネジメントの要となる。

・研究総括（PO）
　イノベーション創出・戦略目標達成に向けて、担当する研究領域の運営方針を策定・共有し、領域アドバイザーなどの協力を得なが

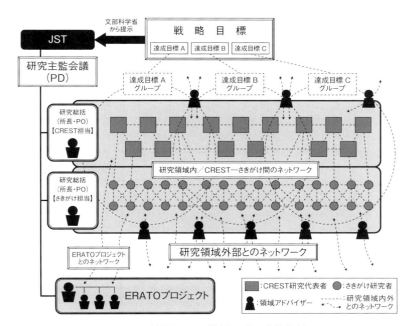

図 2.3　新技術シーズ創出研究の実施体制
出典：2016 年度　戦略的創造研究推進事業［第 1 期募集要項］

ら、研究領域の研究課題の選考、中間・事後評価、資源配分、プロジェクトマネジャーに相当する各課題の研究代表者への助言・指導などのマネジメントを行う。あわせて、科学技術イノベーションへの展開を見据えた、研究領域内外とのネットワーク形成の先導・支援等も行う。

2.2.3　JSTにおけるプログラムマネジメント

戦略的創造研究推進事業の中で最大規模のCRESTの研究領域運営、すなわちプログラムマネジメントに関する重要なイベントは、図2.4に示すように、研究領域の事前・中間・事後評価、研究領域に属する個々の研究課題の事前・中間・事後評価、さらに、これらに準じるサイトビジット、領域会議、公開シンポジウム、年度ごとの研究計画書・実施報告書等による研究進捗の把握と対応などである。なお、他のプログラムにおいても基本的に大きな違いはない。以下では、JSTのプロセス等について具体的に説明する。

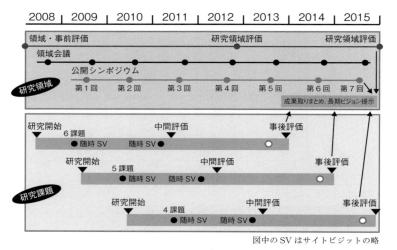

図中のSVはサイトビジットの略

図2.4　CRESTの研究領域運営のタイムライン：2008年度発足の場合
（出典：JST内部研修資料（2016））

(1) 研究領域の評価

事前評価

　研究主監会議が新規研究領域および研究総括を設定するための評価である。事業の成否に関わる重要な判断であり、戦略目標を踏まえて、JSTの調査結果をもとに必要な評価を行う。主な選考基準は以下のとおりである。

【研究領域】
・戦略目標の達成に向けた適切な研究領域であること。
・我が国の研究の現状を踏まえた適切な研究領域であり、優れた研究提案が多数見込まれること。

【研究総括】
・当該研究領域について、先見性および洞察力を有していること。
・研究課題の効果的・効率的な推進を目指し、適切な研究マネジメントを行う経験、能力を有していること。
・優れた研究実績を有し、関連分野の研究者から信頼されていること。
・公平な評価を行いうること。

中間評価

　戦略目標の達成に向けた状況や研究マネジメントの状況を把握し、これをもとにした適切な予算配分などにより、研究領域運営を改善することを目的としている。外部専門家を委嘱して実施し、主な評価基準は以下のとおりである。
・戦略目標の達成に向けた状況
・研究マネジメントの状況

事後評価

　戦略目標の達成状況や研究マネジメントの状況を把握し、今後の事業運営を改善することを目的としている。中間評価と同じく、外部専門家を委嘱して実施し、主な評価基準は以下のとおりである。

・戦略目標の達成状況
・研究マネジメントの状況

　なお、中間評価、事後評価ともに、評価実施後に被評価者が説明を受け、意見を述べる機会を確保している。

追跡評価

　研究終了後5年経過を目処に、副次的効果を含めて、研究成果の発展状況、活用状況、研究の波及効果等を明らかにし、事業および事業運営を改善することを目的としている。外部専門家を委嘱して実施し、主な評価基準は以下のとおりである。
・研究成果の発展状況や活用状況
・研究課題等の科学技術や社会・経済への波及効果

(2)　**研究課題の評価**

事前評価

　研究開発課題と共に研究代表者を選考する。研究代表者はプロジェクトマネジャーに相当し、研究課題の推進に責任を持つ。研究課題の選考は、研究領域の成否に関わる非常に重要な要素であるので、産学の専門家を領域アドバイザーとして委嘱し助言を得ながら、研究総括の下で慎重に行われている。主な選考基準は以下のとおりである。
・先導的、独創的な基礎研究であること。
・今後の科学技術に大きなインパクトを与える可能性を有していること。
・技術の進歩に画期的な役割を果たし、新産業創出への手掛かりが期待できるものであること。
・戦略目標および研究領域から見て適当なものであること。

　なお、採択のための研究データが不足している、または研究データの再現性確認が必要と判断された研究提案については、事項を補完することにより評価を的確に行うために、JSTの費用で調査を行うことがある。

中間評価

　研究の進捗状況や実施状況を把握し、適切な予算配分や研究計画の見直しなどによって、目的達成に向けてより効果的に研究を推進するために行う。主な評価基準は以下のとおりである。
・目的達成に向けた研究の進捗状況および今後の見込み
・目的達成に向けた研究実施体制および研究費執行状況

　基礎研究は短期間に成果を上げることが困難であるが、この中間評価段階において、研究終了時までに成果を出せる見通しが著しく低く、研究チームの体制変更を含む研究総括の指導によっても改善が認められない課題については、早期終了させる措置をとるようにしている。これは、「一度始めたら途中で止めない」という悪しき慣習を打破する試みとも言える。

事後評価

　研究目的の達成状況、研究実施状況、波及効果等を明らかにし、今後の研究成果の展開や事業運営を改善することが目的である。基本的には事前評価を行った者が事後評価も行う。主な評価基準は以下のとおりである。
・研究目的の達成状況
・研究実施体制および研究費執行状況
・研究成果の科学技術および社会・経済への波及効果（今後の見込みを含む）

　なお、中間評価・事後評価ともに、評価者は被評価者からの報告、被評価者との意見交換等をもとに評価を行う。また、評価実施後には、被評価者が説明を受け、意見を述べる機会を確保し、一方的な評価にならないようにしている。

(3)　**サイトビジット**

　サイトビジットとは、研究総括が研究チームの研究実施場所を訪問し、研究実施状況を把握することである。研究総括に加え、領域アドバイザーや領域担当などが参加することが多い。後述の領域会議より

も十分な時間をとって研究進捗等について議論することができる。また、実際に研究に携わっている研究員・ポスドク・学生の顔が見え、研究室の雰囲気が把握でき、研究現場の本音を聞けることがある。サイトビジットは、研究開始直後、課題中間評価、課題事後評価前に実施することが多い。

⑷ 領域会議

領域会議とは、研究領域に参加している全研究者と研究総括、領域アドバイザーが、研究計画と進捗状況を共有し、相互理解を深めるため、年に1～2回程度開催する会議である。外部から講師を招聘し、研究領域の目指すテーマに沿った見識を深める取組みも行っている。特に、さきがけでは合宿形式の領域会議を実施しており、研究者同士のネットワークを構築する場にもなっている。

⑸ 公開シンポジウム

公開シンポジウムの目的は、研究領域の内外に研究成果を発信することである。このため、領域関係者だけではなく、領域外の研究者や一般の人々に向けて、主に研究代表者が研究成果についての講演やポスター発表を行う。100～300人規模での開催が多く、あわせて外部有識者による講演やパネルディスカッションを実施したり、他研究領域・他事業と連携して開催したりすることもある。

⑹ 優れた研究者を糾合する最強チームの編成[17]

異分野の連携・融合を実現し、優れた研究者の力を社会的課題の解決に向けて最大限発揮できるよう、CRESTにおいて非常に柔軟に運営している試みを紹介する。この試みは「再生可能エネルギーをはじめとした多様なエネルギーの需給の最適化を可能とする、分散協調型エネルギー管理システム構築のための理論、数理モデル及び基盤技術の創出」という戦略目標の下に、2012年に発足した藤田政之東京工業大学教授を研究総括とする研究領域「分散協調型エネルギー管理システム構築のための理論及び基盤技術の創出と融合展開」(以下

EMS 領域）で行われた。

EMS 領域は、要素研究段階に留まらず少なくともシステム統合化の道筋が見える段階までを目標に定めた。そのためには各要素研究の優れた研究者を分野横断的に糾合した「最強チーム」による研究開発が必要であるが、公募段階から効果的な異分野融合チームを編成することは困難であると考えられた。このため、公募段階では各分野の要素技術を研究する小規模チームを募集し（スモールスタート）、3年以内に異分野間の融合を進め、目標を共有した真の異分野融合最強チームを再編する、という構想が練り上げられた。最強チームの再編においては、研究者の自主性を重んじるボトムアップ型のアプローチと、研究総括・領域アドバイザーの助言・指導というトップダウン型のアプローチをバランスよく融合させた[18]。

具体的には、図 2.5 に示すように、様々な分野の要素技術を研究開発する小規模チーム（年間予算規模平均 6,000 万円以下）を 2012 年度に 16 チーム、2013 年度に 7 チーム採択した。研究期間は 2012 年 10 月から 2015 年 3 月末までの 2.5 年間ないし 1.5 年間とし、この間に合宿形式の領域会議を開催して相互理解の促進を図り、ネットワーク形成に努めた。要素研究と並行して、フィージビリティスタディ

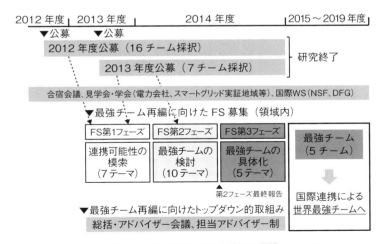

図 2.5 EMS 領域の研究運営の時間的な展開イメージ

（可能性の検討。以下 FS）を段階的に行った。領域アドバイザーによる FS 進捗の把握や指導・助言を得ながら、第 1 フェーズでは、チーム間の連携可能性の模索を目的としてボトムアップ的に 7 グループが編成され、FS を実施した。第 2 フェーズでは、10 グループにより最強チームの研究提案がなされ、研究のレベルや最強チームとして目指す方向性、チームの体制や研究代表者のリーダシップが優れた 5 チームが、第 3 フェーズへ移行した。第 3 フェーズでは研究提案のさらなる具体化が進められ、2015 年 1 月の最終審査で第 3 フェーズから最強チームへの移行が認められ、同年 4 月から研究を開始している。

2.3 NEDO の研究開発事例

2.3.1 NEDO の概要

(1) 組織の特徴

　国立研究開発法人新エネルギー・産業技術総合開発機構（以下 NEDO）は、日本最大級の公的研究開発マネジメント機関として、経済産業行政の一翼を担い、「エネルギー・地球環境問題の解決」および「産業技術力の強化」の 2 つのミッションに取り組む、国立研究開発法人である。技術シーズの発掘から研究開発プロジェクトの推進、実用化開発の支援まで、一貫した研究開発マネジメントにより、日本の技術力強化、エネルギー・環境問題の解決を目指して活動しており、リスクが高いが成功すればインパクトの大きい重要技術の開発を推進している。NEDO 自らは研究開発を行わず、企業等が強みを有する技術力に、大学等が有する研究力を最適に組み合わせて、ナショナルプロジェクトとして技術開発を推進する。

　一方、経済産業省の調査によると、我が国の民間企業の研究開発投資は、3 年以内の事業化を目標とする「短期的研究開発」が全研究開発投資の 9 割を占めている[19]。短期的研究開発とは、既存技術の改

良であり、例えば自動車のモデルチェンジや、家電製品の春・夏モデルなどに該当する研究開発である。国際競争力の激化により、この短期的研究開発への投資割合が増え、事業化まで3年を超える中長期の市場開拓型研究開発投資と基礎研究への投資は、合わせても全研究開発投資の1割にすぎない。そのため、NEDOでは国の政策を踏まえ、ハイリスク・ハイリターンのナショナルプロジェクトに取り組んでいるのである。

(2) マネジメントの特徴

NEDOのプロジェクトマネジメントの1つ目の特徴は、NEDO自らは研究所や研究者を持たないため、社会課題に対応して柔軟に企業や大学から専門家を集め、最適なプロジェクト実施体制を構築できることである。このことにより、産学官のシナジー効果を発揮したプロジェクトを進めることができる。

このとき留意することは、知的財産権の取り決めである。NEDOプロジェクトには産業技術力強化法第19条（日本版バイ・ドール条項）が適用され、原則として、知的財産権はプロジェクト参加者に帰属させることができる。そして、プロジェクト終了後の知的財産権の利用を促進するためにも、また、逆に利用の妨げを防ぐためにも、プロジェクト開始後1年以内に、参加者同士で情報管理や論文発表等も含む広義の「知的財産の取扱いに関する合意書」を取り交わしている。

プロジェクト実施においては、参加者が興味本位でバラバラに研究を進めるのではなく、役割分担を明確にしてプロジェクトのベクトルを合わせることが重要である。そこで、NEDO側ではプロジェクトマネジャーを任命し、必要に応じてプロジェクトマネジャーの技術パートナーとしてプロジェクト参加者側等からプロジェクトリーダーを選定し、両者が協力してシナジー効果が発揮できるよう活動している。また、プロジェクト参加者に製品のユーザがいない場合には、ユーザからの意見を取り入れるための委員会を設置するなどの工夫を行っている。

2つ目の特徴は、プロジェクト評価とプロジェクトの柔軟な見直しである。ナショナルプロジェクトの実施期間は通常5年程度と長いため、国内外の社会動向、技術動向を注視して、必要に応じてプロジェクトを見直すことが重要である。そこで、中間評価やステージゲート評価を活用して、プロジェクトの加速・縮小・中止等の判断を迅速に行っている。

3つ目の特徴は、事業化を見据えたプロジェクトマネジメントを行っていることである。NEDOでは公募により参加者を選定しているが、その採択審査においては事業化の計画についても評価対象とし、中間評価・事後評価でも、非公開の場で各参加企業の事業化への取組み計画を確認しつつ、プロジェクトを推進している。

(3) マネジメントの効果

NEDOプロジェクトの費用対効果を金額基準で評価することは、非常に困難である。というのは、NEDOプロジェクトの成果を製品として事業化するには、プロジェクト終了後に企業による多大な事業化活動が必要であるからである。この前提を踏まえつつ、次に示す手法で費用対効果の分析を試みている。

NEDOプロジェクトの開発成果がコア技術として活用され、上市・製品化した製品・プロセス等を「NEDOインサイド製品」と定義し、売上実績・売上予測を推計する[20]。2015年時点においては、フォローアップ調査によりNEDOインサイド製品を109製品見出し、その2014年度の売上実績は合計で約3兆円、2013〜2022年度までの累計売上予測額は約70兆円と推計している。費用対効果推計の対象は、1980年のNEDO発足以来、技術開発プロジェクトに投じたおよそ3兆円の費用のうち、フォローアップ調査を行ったプロジェクトへの投入費用約7千億円分に関するものである。

試算の前提は、NEDOプロジェクトが関わった部分（材料、部品、製品等）のみを対象とし、サプライチェーン上の売上等は加算しないことと、NEDOプロジェクトが関わった部分（材料、部品、製品等）の売上はNEDO寄与率を100%と仮定することである。ナショナル

プロジェクトの費用対効果を測定する手法は世界的に検討されているものの、広く認められた手法はまったくない。試算手法は、大胆な前提条件のもとで研究開発投資の大まかなインパクトを示すというNEDOオリジナルのもので、課題はNEDOの寄与率の算定である。当該製品に対する企業の投資額は非公開であることから、寄与率の算定は容易ではない。前述の109製品には、太陽光発電、風力発電、地熱・バイオマス・石炭発電、燃料電池、蓄電池関連、自動車関連、環境対策、電子デバイス関連、材料（高分子・無機・金属等）、医療・福祉機器等の製品が含まれる。売上実績・売上予測は、企業等へのアンケートやヒアリングの結果に基づいて試算しており、回答が得られなかった場合は、業界団体の公表データ、公的機関や民間調査機関の公表データから補間計算している。

2.3.2　実用化の事例

　NEDOプロジェクトが契機となって実用化に至った製品は、参加者へのインタビューを行い、研究開発・製品化の背景や経緯、成功したマネジメントのポイントをまとめた「NEDO実用化ドキュメント」としてウェブサイトで公開されている。その中から、2つの事例を紹介する。

(1)　クリーンディーゼルエンジン[21]

　2004年当時、地球環境問題や大気汚染問題等に対する関心が高まりつつあり、自動車に起因する環境対策への対応が急務とされていた。また、国土交通省が「ポスト新長期規制」（2008年）で設定した、トラックや自動車から排出されるNOxやススなどの粒子状物質に関する世界最高水準の厳しい規制や、2015年度の燃費目標設定（乗用車は16.8km/L）など、環境・燃費性能ともに高水準の規制が次々に設けられ、ディーゼルエンジン車にとっては逆風が続いていた。これは自動車メーカーの努力だけでは解決困難な課題であり、広範な研究開発や産学官の連携が必要とされた。

このためNEDOでは、世界で最も厳しい排出ガス規制レベルへ対応できる低公害車を開発することを目的として、基礎研究から実用化開発までを対象とした産学官連携体制を構築して、「革新的次世代低公害車総合技術開発（2004～2008年）」を実施した。プロジェクトには14社・8大学が参加した。ここでは、その中で2012年にクリーンディーゼルエンジン「SKYACTIV-D」の商品化に成功したマツダ㈱（以下マツダ）の事例を紹介する。同社は、どのようにして従来のイメージを覆すようなクリーンディーゼルエンジンの実用化を成し遂げたのであろうか。

　当時のマツダには、排気ガス規制に対応するための多大な開発コストを危惧し、ディーゼルエンジン車の新規開発に消極的な意見もあった。そのような状況で、マツダは、本プロジェクトに採択されたことを契機に、企業研究では踏み込むことの難しいエンジンの基本中の基本に立ち戻って、まず内燃機関の燃焼効率改善を徹底的に追及することから、新型エンジンの研究開発に取り組み始めた。

　内燃機関のエネルギーフローを今一度見直してみると、燃料の熱量のうちエネルギーとして取り出されているのはおよそ30%にすぎず、その他の70%は失われてしまっているということがはっきりした。そこで、新型エンジンをできるだけ理想の燃焼状態に近づけることができれば、燃費と環境性能の改善の両立は十分に可能であるとの考えに至った。

　この時点ではまだ、SKYACTIV-Dのキーテクノロジーである「低圧縮比」というアイデアには至っていなかったが、研究開発の早い段階から、「燃料と空気をしっかり混ぜて十分に燃焼する（予混合燃焼）」というポイントには着目していた。従来のディーゼル燃焼では、高温・高圧のピストン内に燃料を噴霧して自己着火させるため、燃料と空気の混ざり具合にムラがあり、燃え残った燃料がススとなって排出される。また、燃焼ムラは燃費の悪化にも繋がる。

　では、どのような条件ならばNOxやススを排出しない燃焼になるのだろうか。マツダは、従来形エンジンを使ってディーゼルの燃焼メカニズムを細密に解析し、NOxやススを発生させず、不完全燃焼も

起こさない「理想的燃焼領域」を明らかにした。このことにより「予混合燃焼」と「理想的燃焼領域での燃焼」という開発コンセプトが明らかになり、クリーンディーゼルエンジンの開発フェーズは一歩前進した。そこで、シミュレーション、燃焼の設計、それらに基づいた試験用単筒エンジンでの機能検証を繰り返し、理想の燃焼を実現するための技術開発を進めた。

　燃焼メカニズムの解明に大きく貢献したのは、広島大学との共同研究で生まれた計測システムとシミュレーション技術であった。従来のマツダの方法では、空気の流れを計測することはできても、噴霧した燃料が空気と混ざりあい、燃焼室内部に広がって着火するまでの様子を捉えることは困難であった。そこで、広島大学大学院工学科機械システム工学専攻で流体工学を専門とする西田恵哉教授が中心となり、ピストン内の状態を再現した高温高圧容器と、噴射された燃料の混ざり具合や濃淡をレーザー計測するシステム、また、燃焼室内での噴霧混合気形成の挙動を可視化する実験装置を開発した。この共同研究の計測データが高精度な燃焼シミュレーションを可能とし、SKYACTIV-Dが目指すべき方向性を明らかにした。

　また、空気と燃料がよく混ざる燃焼室のデザインを決定する段階でも、通常であれば何十種類もの燃焼室を試作する必要があるが、優れたシミュレーションソフトのおかげで、2回の試作だけで「エッグシェイプ燃焼室」と名付けた新しい燃焼室の形状を作り上げることができた。

　広島大学との基礎研究により明らかになった理想的燃焼領域で、燃料と空気をよく混ぜてから燃やすために最初に着目したのは、圧縮比ではなく「吸気温度」であった。できる限り低温で燃料を燃焼できれば、NOx排出を抑えられるだけでなく、吸気温度が下がり燃料と空気が十分に混ざりあう時間を稼ぐことにも繋がる。一方で、吸気温度を下げて着火させるとなると、ディーゼルエンジンに不可欠なEGR（排ガス再循環装置）の量産が難しく、ピストン以外のパーツにまで影響が出てしまうことが判明し、コスト面から考えても実現は不可能であった。

そこで、吸気温度を下げる代わりに圧縮率を下げるというアイデアにたどり着いた。従来のディーゼルエンジンでは、汚染物質の発生を抑制するために、ピストンが上死点[1]よりやや下の位置で、温度と圧力が低くなってから燃料を噴射して燃焼を始める仕組みになっている。そのためピストンの可動幅が短くなり、燃焼効率も下がる。しかし、圧縮比を下げた場合は、上死点での圧縮温度と圧力が低くなるため、上死点付近で燃料を噴射しても着火までの時間が長くなり、燃料と空気の混合が進んでいく。また、ピストンを上死点から下死点まで動かすことができるため、従来型より仕事量を増やすことができる。

さらに、低圧縮比によって従来型よりシリンダー内の燃焼圧力が下がるため、大幅な軽量化が可能となる。SKYACTIV-Dでは、シリンダーブロックをアルミ化し、従来比25kgの軽量化を達成した。また、クランクシャフトなど可動部のダウンサイズも可能となったことから、機械抵抗（回転時の摩擦）が大幅に減少してガソリンエンジン並みとなり、「重くて、高回転には向かない」というディーゼルエンジンの定説を一新することができた。

5年間のNEDOプロジェクトの最終段階では、新型エンジンのプロトタイプを作製し、性能・信頼性の検証・改良試験を繰り返し行った。プロトタイプ作製は要素技術を開発した研究者だけでできることではなく、エンジン製造能力を有する事業部門の人員の協力が必要である。プロトタイプの実証試験は研究部門と事業部門の架け橋となり、新型エンジンの実用化にまた一歩近づけることができた。

NEDOプロジェクトでは、大学や企業の有識者から進捗状況について意見を募るプロジェクト推進委員会が、年に数回開催される。企業研究では外部有識者の意見を聞きつつ開発を行うことは少ないが、委員会では常に「マツダにとって革新とは？」と問われ、それに対して取組みを説明し認められることにより自信を深めていったことも、プロジェクトの成功に貢献している。

イノベーションは逆境から生まれるとよく言われる。ディーゼルエ

---

[1] ピストンが最上端にある位置。

ンジン車への燃費性能と環境対応への厳しい規制に対し、エンジン開発の基本中の基本である「内燃機関の理想的燃焼領域の研究」に立ち戻り、世界最高の燃費水準と NOx 後処理装置なしで排出ガス規制をクリアするディーゼルエンジン SKYACTIV-D の開発、商品化を実現したことは、まさにその事例と言えよう。

(2) ブルーレイディスク[22]

2011 年 7 月の「地デジ化」を契機に、デジタルハイビジョンテレビの買い替えが進み、大容量のデータを扱える記録メディアがますます求められるようになっている。そこで、ハイビジョン放送に対応できる大容量光ディスクとして開発されたのが、ブルーレイディスクである。ソニー㈱（以下ソニー）は、世界に先駆け、2003 年 4 月にブルーレイディスクを販売開始した。その背景には、1998 年から 2002 年までの 5 年間にわたる NEDO プロジェクト「ナノメートル制御光ディスクシステムの研究開発」がある。ソニーをはじめ、日本の名だたる企業 12 社と 1 大学が結集し、それぞれの強みを持ちより、次世代の大容量光ディスクの開発に取り組んだ結果から生まれたのがブルーレイディスクであり、日本の技術力の結集と言える。

では、ソニーはどのようにして、従来の DVD の約 6 倍もの記憶容量を持つブルーレイディスクの実用化を成し遂げたのだろうか。家庭用 DVD プレーヤーやディスクが販売され始めたのは 1996 年 11 月で、プロジェクト開始時点では、家庭用映像記録メディアとしては、まだビデオテープが一般的であった。一方、2000 年 12 月に BS ハイビジョン放送が開始されることが決まったが、ハイビジョン映像のデータ量は従来の標準画質映像の約 5 倍であるため、これまでの DVD では、画質を落とすことなく映画 1 本分の映像データを 1 枚のディスクに収めることはできなかった。このため、大容量の新しい光ディスクが必要との消費者ニーズが見込まれていた。

また、幸運なことに、ブルーレイディスクの実用化に不可欠な要素技術である青色 LED の開発が、1995 年、日本の化学メーカー日亜化学工業㈱により世界で初めて成功した。「必要な要素技術の確立のタ

イミング」と「社会的ニーズと必要とされる時期」の２つを繋ぐ５年間が、NEDOプロジェクト期間であったと言える。

　ブルーレイディスクは、その名のとおりブルーの半導体レーザーを使って記録・再生を行う大容量光ディスクで、CDやDVDと同じ直径12cm、厚さ1.2mmの円盤状である。データを記録する層の面積が同じであるのに、記憶容量は１層当たり25GBと、DVDの約６倍、CDの約40倍と増えているのは、記録密度つまり単位面積当たりに記録できるデータ量が増えているということである。

　光ディスクでは、ディスクに刻んだ「ピット」と呼ばれる穴に半導体の光レーザーを当て、反射したレーザー光からピットのパターンをデジタル信号として読み取り、映像や音楽などに変換して再生する。そのため、同じ面積により多くのピットを描画するためには、ピットの長さやトラック間の距離（トラックピッチ）を小さくする必要がある。トラックピッチとは、レコード盤でいうところの溝と溝の間の距離のことで、溝と溝との距離を狭めて記録密度を上げるためには、溝幅自体も狭めなければならない。また、溝幅を狭めると、レコード針の太さも細くする必要がある。このように、全てを微細化しなければならないのである。

　実際、CDでは最小ピット長が0.83 μm、トラックピッチは1.6 μm、DVDでは最小ピット長が0.40 μm、トラックピッチは0.74 μmであるが、ブルーレイディスクでは最小ピット長が0.15 μm、トラックピッチは0.32 μmと、CDやDVDに比べてピットの大きさもトラックピッチも非常に小さい。しかし、単にピットやトラックピッチを小さくしても、それを読み取る光レーザーのスポットが大きいと、複数のピットのデジタル信号を同時に受信してしまい、うまく信号処理ができない。そこで必要になるのが、波長の短い光レーザーである。波長が短ければ短いほどスポットを小さくできるため、ブルーレイディスクには、CDの赤外線レーザーやDVDの赤色レーザーより波長の短いブルーレーザーが使われているのである。

　本プロジェクトにはソニーのほか、５社の総合電機メーカーが参加していた。競合他社が研究開発において協調して取り組むために、プ

ロジェクトの初期段階において、後に世界標準規格となる最も重要な3つの基本パラメーター、すなわち、「ブルーレーザーの波長（λ）＝405nm」、「レンズの開口数（NA）＝0.85」、「カバー層（記録する層の深さ）＝0.1mm」を定めた。これにより、業界全体として軸足がぶれることなく、確信を持って研究開発を進めることができ、ブルーレイディスクを早期に製品化することに繋がった。

　当時、この基本パラメーターで用いるのに適したレンズを製造できたのは、ソニーだけであった。ソニーは、プロジェクト参加企業にレンズを提供するという驚きの行動をとり、各社はそのレンズを用いて、基本パラメーターの検証や光ディスクに関する様々な技術の開発を行った。ソニーがレンズを提供した背景には、次世代の大容量光ディスクとしてブルーレイディスクの競合技術であったHD-DVD企業陣営との厳しい開発競争があった。そこで、ブルーレイディスクを次世代の主流とするために、開発・商品化を行う企業陣営を拡大する戦略をとったのである。

　また、研究開発と並行して、プロジェクト当初から、世界標準の獲得に結びつけるために国際標準化委員会、知財戦略委員会を設置して議論を積み重ねていった。プロジェクト終盤の2002年には、プロジェクト参加企業であるソニー㈱、パナソニック㈱、パイオニア㈱、シャープ㈱、㈱日立製作所に、フィリップス、サムスン電子、LG電子（当時）、トムソンの海外企業を加えた9社により、ブルーレイディスクの規格策定を行うためのBlu-ray Disc Foundersが設立された。この組織は、プロジェクト終了後の2005年に、より多くの企業が参加できるオープンな組織BDA（Blu-ray Disk Association）に改組された。BDAはブルーレイディスクフォーマットの規格策定・普及を目的としているが、パテントプールの役割も有している。これら国際標準化や知財共有の戦略的な取組みが、ブルーレイディスクの世界市場シェア拡大に繋がる要因となり、2008年には、ソニーをはじめとするプロジェクト参加企業によるブルーレイディスクドライブの世界市場のシェアは90％に及んだ。

　プロジェクト開始当時、電機業界では各社の技術レベルが拮抗して

おり、自社技術だけで市場を席巻するのは困難であった。ブルーレイディスクの開発は、競合他社が連携して世界で勝つことを示した事例と言える。

2.4 JAXA の研究開発事例

2.4.1 JAXA の概要

　国立研究開発法人宇宙航空研究開発機構（以下 JAXA）は、「日本の宇宙開発・利用を技術で支える中核的実施機関」と位置づけられている国立研究開発法人で、宇宙に関する基礎研究から開発・利用に至るまでを一貫して行っているほか、航空技術の研究開発も行っている。

　JAXA は、2003 年に宇宙科学研究所（ISAS）、航空宇宙技術研究所（NAL）、宇宙開発事業団（NASDA）の 3 機関が統合して誕生した。前身の 3 機関のうち、ISAS は、1970 年に日本最初の人工衛星「おおすみ」を打ち上げた東京大学宇宙航空研究所をルーツに持ち、天文衛星、探査機、固体ロケットを開発し、宇宙科学研究を行ってきた。NAL は、1955 年の設立当初は航空技術研究所という名称で、航空技術を中心とした研究を行っていた。1969 年設立の NASDA は、地球観測衛星、放送・通信衛星、大型液体ロケットを開発・利用するほか、有人宇宙飛行を担ってきた。以来、前身の 3 機関時代を含めて、JAXA はこれまでに 90 機以上の人工衛星・探査機を打ち上げて運用し、20 回の宇宙飛行士の有人飛行を実現した。年間予算は約 1,800 億円、職員数は約 1,500 人であり、現在は、文部科学省・内閣府・総務省・経済産業省が所管している。

2.4.2　JAXA の事業と組織

　JAXA の事業は、宇宙輸送、衛星利用、有人宇宙活動、宇宙科学・月惑星探査、宇宙技術の研究開発、航空技術の研究開発の 6 つの分野から成り立っている。以下に、その概要を示す。

①宇宙輸送

　ロケット等の宇宙輸送システムの開発・運用を行っている。現在、H3 ロケットと強化型イプシロンの開発と、H-IIA/B の運用を行っている。

②衛星利用

　地球観測・通信・測位・技術試験等を目的とした衛星の開発・運用・利用と地球観測による研究を行っている。現在、温室効果ガス観測技術衛星 2 号、先進光学衛星、先進レーダ衛星、欧日共同の雲エアロゾル放射ミッションに搭載する雲プロファイリングレーダなどを開発するとともに、温室効果ガス観測技術衛星、水循環変動観測衛星、陸域観測技術衛星 2 号、気候変動観測衛星を運用し、観測データを配布している。

③有人宇宙活動

　有人宇宙飛行と国際宇宙ステーション日本実験棟の運用・利用、宇宙ステーション補給機の開発・運用、宇宙環境を利用した研究を進めている。これまで 11 名の宇宙飛行士を養成し、宇宙に送り込むとともに、6 回の宇宙ステーション補給機ミッションを行った。

④宇宙科学・月惑星探査

　天文観測・月惑星探査を目的とした衛星・探査機の開発・運用、宇宙科学・月惑星科学の研究を行っている。現在、欧日共同の水星探査計画における水星磁気圏探査機、小型月着陸実証機、次期深宇宙探査用地上局を開発するとともに、金星探査機、小惑星探査機、ジオスペース探査衛星を運用している。

⑤宇宙技術の研究開発

　将来の宇宙システムに使われる技術やコンポーネント、部品の研究開発や、進行中のプロジェクトを支える開発を行っている。また、超小型衛星や宇宙技術の実証のプラットフォームとなる小型の技術実証衛星を開発している。

⑥航空技術の研究開発

　今後の航空機やその運航に使われる技術の研究開発を行っている。現在、機体騒音低減技術実証、コアエンジン技術実証といった大規模研究開発を進めている。

　JAXA は、事業遂行体制として部門制を採用している（図 2.6 参照）。各部門は前述した 6 つの事業分野に対応したプログラムを遂行しており、その中に複数のプロジェクトが含まれる。各プロジェクトは、研究開発要素や利用・研究の新規性を内包している。また、それぞれのプロジェクトを中心として構成され、最終的に獲得すべき状態や成果とそれに至る活動・計画の全体を「ミッション」と呼ぶ。したがって、それぞれのプログラムは、プロジェクトを核とした複数のミッションを常に遂行している。

　JAXA のプロジェクトの大部分は、システム開発を中心に構成されている。この場合のシステムとは、ロケット・輸送機、衛星・探査

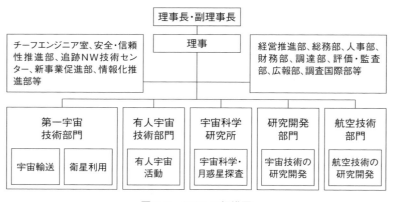

図 2.6　JAXA の組織図

機、宇宙ステーション、試験航空機、コンポーネントなどのことであり、それらの部品点数は衛星では数十万点、H-IIA ロケットでは 100 万点、国際宇宙ステーション日本実験棟では 200 万点にものぼる。なお、それぞれのプロジェクトは、数十億〜数百億円の規模である。

各プロジェクトの中心であるシステム開発における設計、製造、試験は主に民間企業が担い、JAXA は主に、プロジェクト立上げ時期の要求設定や初期検討、プロジェクト後期の成果創出やミッション達成、地上システムなどを含んだ総合システムの構築と統合、およびシステム開発のマネジメントなどを担当する。

2.4.3　JAXA の研究開発のライフサイクルとプログラムマネジメント

JAXA の研究開発は、図 2.7 に示すように、研究・探索段階、ミッション定義段階、プロジェクト準備段階を経て、プロジェクト実行段階に至り、プロジェクト終了後はその成果物から対象分野にもたらす効果・効用（アウトカム）の創出を進めるというライフサイクルを経る。

研究・探索段階では、各部門の研究組織や事業検討組織、自発的に形成されたワーキンググループが、長期的な目標から導かれた研究・検討や、それまでの研究成果・シーズや新たなアイデアから、ニーズを見据えながら立案した研究を行う。これらの結果は、公式・非公式の選択過程で淘汰され、ミッション定義段階における概念検討に移行する。ミッション定義段階では、主な提案はプリプロジェクト候補として認知され、技術リスクの低減とミッション価値の向上のために、機構全体の資金が投入される。ここで、プリプロジェクトとは、プロ

図 2.7　JAXA の研究開発のライフサイクル

ジェクト準備段階にあるプロジェクト候補のことをいう。また、ミッションを先導する研究として、大規模な研究開発を行うこともある。

　ミッション定義段階終了からプロジェクト実行段階終了までは、JAXA共通の公式プロセスに則る。まず、ミッション定義段階でそれまでの研究・検討を内包したミッションが定義されると、プロジェクト準備段階への移行において、ミッション価値と実現性、およびJAXAの長期資金を考慮し、プリプロジェクトとなるミッションを選定する。なお、どのミッションを進めていくかは、政府の予算・宇宙基本計画・意向からも、大きく影響を受ける。

　続いてプロジェクト準備段階における検討を経て、プリプロジェクトがプロジェクトとして実行可能かどうかが判断される。可能と判断されたミッションはプロジェクト実行段階に移行し、プロジェクトチームが編成され、システム開発などを経て、打上げ・運用に至り、ミッションを実現する。

　プロジェクトとして設定されたスコープ（事業範囲や目標）・期間を達成すると、プロジェクトは終了し、プロジェクトチームは解散され、アウトカム創出段階へと移行する。成果物は部門事業などに引き継がれ、アウトカムに結びつけられる。

　ここで記したのは、宇宙システムを開発し、それを用いたミッションを行う機構プロジェクトのライフサイクルであるが、機構プロジェクトを実施する前に大規模な研究開発が必要な場合や、実システムは企業が実施するといった場合には、研究開発プロジェクトとしてこのライフサイクルを1回まわすことがある。

　前述したように、各部門のプログラムは複数のミッションを内包している。例えば地球観測であれば、同一種類の観測・ミッションの時間的継続性や、同時期の異なる観測・ミッションとの相互作用と統合を考慮して、プロジェクトの上流の研究・探索やミッション定義と、下流のアウトカム創出を行う。しかし、いったんミッションが定義されると、プロジェクトが終了するまでの準備・実行は、JAXA全体で規定されたプロジェクトマネジメントに従い、個別に行われる。この段階では、プログラムマネジメントは、部門としての資金、人員、進

捗のマネジメントとプロジェクトのフェーズ移行時に行われるフェーズゲート審査での判断などに留まる。以下では、公式に明確なプロセスが定められている、ミッション定義後からプロジェクト終了までのプロジェクトマネジメントについて説明する。

2.4.4　JAXAにおける　プロジェクトマネジメントの推進

　1990年代後半から2004年頃にかけて、統合の前身3機関も含めて、JAXAでは大きな不具合・失敗が連続した。H-II 8号機、M-V 4号機、H-IIA 6号機と3度の打上げに失敗し、ADEOS、ADEOS-II、PLANET-B、MUSES-Cといった衛星・探査機で、衛星全損やミッション喪失あるいはその危機が続いた。また、航空分野でも小型超音速実験機の飛行試験失敗が発生した。

　このような背景から、JAXAの開発業務や組織に関する原因究明が行われ、あいまいな要求定義・ベースライン文書[2]・仕様、初期段階での検討不足、特に仕様設定時の技術検討不足などが根本原因として指摘された。それまでのJAXAでも、かつての米国の宇宙開発に倣った開発プロセスやプロジェクトマネジメント・システムズエンジニアリング（以下PM・SE）が行われていたが、業務ルールとして明文化はされておらず、その結果、PM・SEの質にばらつきがあり、一定のレベルが確保されていなかった。

　これらの原因究明を受けて多岐にわたる改革提案がなされ、確実なミッション達成のために、体制・組織、制度・仕組み、教育・人材育成、技術力強化などにおいて改革が実行された。その結果実現された体制では、部門内のプロジェクトに対して、開発部門から独立した組織として、PM・SE組織、安全・ミッション保証組織（S&MA組織。安全・信頼性推進部など）、専門技術組織を設置し、プロジェクトに対するチェックアンドバランス（抑制均衡）と支援を行うことと

---

[2] ミッション要求書、システム要求書、利用運用コンセプト、システム仕様書、プロジェクト計画書など。

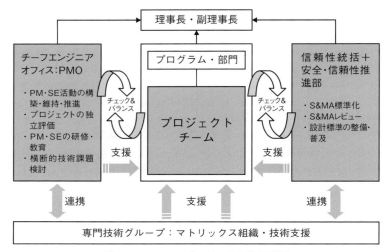

図 2.8　JAXA のプロジェクト遂行体制

なった（図 2.8 参照）。PM・SE 組織はチーフエンジニアオフィスといい、JAXA の PMO（プロジェクトマネジメントオフィス）の役割を担う。

　理事長への直接アドバイザーである統括チーフエンジニアが率いるチーフエンジニアオフィスは、各部門に対応したチーフエンジニアや独立評価チーム、実働部隊であるチーフエンジニア室などを擁し、PM・SE 活動の構築・維持・推進、プロジェクトの独立評価、PM・SE 研修などを行っている。統括チーフエンジニアとチーフエンジニアは、経営審査の一部を構成する第三者評価やプロジェクト進捗報告会評価などを、独立評価チームはプロジェクトのフェーズ審査における技術評価や日常的な支援を行う。

　また、チーフエンジニアオフィスでは PM・SE 文書を制定する。そこではプロジェクトの定義、プロジェクトマネジメントの基本的ルール、関係者の役割と作業、プロジェクトマネジメントプロセス、審査会などが定められている。また、その下位文書として数多くの参考文書が定められ、これらがフェーズ移行審査、成功基準作成、ミッション要求書作成、システム要求書・仕様書作成、ベースライン文書

変更、LL（Lessons Learned、教訓）作成、利用運用コンセプト作成、技術成熟度運用、人材育成計画作成、プロジェクトマネジメントチェックリスト、LL チェックリストなどのガイドラインを与えている。

この結果、プロジェクトの失敗は大幅に減少し、改革は一定の成果を収めた。しかし一方で、宇宙科学・月惑星探査分野では、依然大きな失敗や当初計画からの逸脱が続いているなど、課題も残っている。

2.4.5　JAXA のプロジェクトマネジメントプロセス

JAXA のプロジェクトマネジメントの特徴は、「開発の段階的実施（PPP：Phased Project Planning）」、「フェーズ移行審査」、「文書制定によるベースライン等の明確化」である。PPP は、大規模システムの開発段階における不確定要素（新規技術に伴うリスク等）への対処法として世界の宇宙機関で共通に使用されている方法で、まず、各フェーズで設計・審査・製作・試験からなる PDCA サイクルを回し、問題点の洗い出しと設計の確認を実施する。フェーズ移行審査は、部門レベルの部門審査と JAXA 全体の経営レベルの経営審査の2段階で行われる。

JAXA における、人工衛星、探査機、ロケットなど宇宙システム

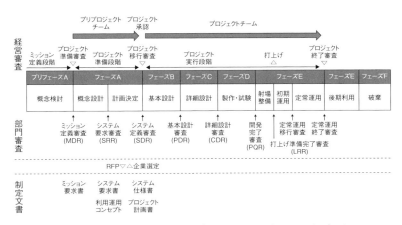

図 2.9　JAXA の開発プロセスとプロジェクトマネジメントプロセス

開発を伴うプロジェクトの開発プロセスとプロジェクトマネジメントプロセスを以下に示す（図 2.9 参照）。

それぞれのフェーズ移行審査では、プロジェクトマネジャーが設計・製作・試験の結果を報告し、次フェーズへの移行可否を仰ぎ、審査委員長がリスク受入れと移行可否を最終判断する。JAXAでは、プロジェクトの上流・初期フェーズの審査を充実させており、初期フェーズの「ミッション定義審査（MDR：Mission Definition Review）」、「プロジェクト準備審査」、「システム要求審査（SRR：System Requirement Review）」、「システム定義審査（SDR：System Definition Review）」、「プロジェクト移行審査」において、「ミッション要求書」、「システム要求書」、「システム仕様書」、「プロジェクト計画書」などを、順次、プロジェクトの基準として承認されたベースライン文書としていく。

各段階のプロセスは以下のとおりである。

ミッション定義段階（プリフェーズ A）

1. プリプロジェクト候補の概念検討を行い、「ミッション要求書案」を固める。
2. 部門審査である「ミッション定義審査（MDR）」で、フェーズ移行の承認を受ける。MDR では、ミッション要求、資金規模および外部機関との分担を含めたミッション定義の妥当性が審査される。
3. 経営審査である「プロジェクト準備審査」で、プリプロジェクト化の承認を受ける。プロジェクト準備審査は個別審査と総括審査に分かれ、個別審査では各候補のミッション定義の妥当性が、総括審査では、機構全体の経営戦略の視点から、全候補のプリプロジェクト化の妥当性が審査される。
4. プリプロジェクトチームが編成され、プロジェクト準備段階に移行する。

プロジェクト準備段階（フェーズ A）

1. プリプロジェクトチームは概念設計を行い、「システム要求書」

や「利用運用コンセプト」を作成する。
2. 部門審査である「システム要求審査（SRR）」で、計画決定フェーズへの移行の承認を受ける。SRR では、システム要求と検証方針の妥当性、計画決定フェーズへの技術的準備、体制・計画などの準備が審査される。
3. 計画決定フェーズで行う設計である予備設計を進めながら、企業選定のための提案要請（RFP：Request for Proposal）を行い、宇宙システム開発を担当する企業を選定する。
4. 選定した提案内容を反映して「システム仕様書」や「プロジェクト計画書」を固め、部門審査である「システム定義審査（SDR）」の承認を受ける。SDR では、システムの基本構成、仕様、検証計画の妥当性、基本設計への技術的準備、体制・計画などの準備が審査される。
5. 経営審査である「プロジェクト移行審査」で、プロジェクト移行の承認を受ける。プロジェクト移行審査では、プロジェクト計画、リスク識別・対処方針、プロジェクト移行準備状況の妥当性が審査される。
6. プロジェクトチームが編成され、プロジェクト実行段階に移行する。

プロジェクト実行段階（フェーズ B〜E）
1. プロジェクトチームは基本設計を行い、企業側の審査と JAXA の部門審査の 2 段階で行われる「基本設計審査（PDR：Preliminary Design Review）」で承認を受ける。
2. 設計検証のためのエンジニアリングモデル（EM：Engineering Model）の製作と開発試験を行う。その結果を、実際に飛行するフライトモデル（FM：Flight Model）の設計である「詳細設計」に反映し、受託企業側の審査と JAXA の部門審査の 2 段階で行われる「詳細設計審査（CDR：Critical Design Review）」で承認を受ける。
3. フライトモデルの製作・試験を行い、企業側の審査と JAXA の部

門審査の2段階で行われる「開発完了審査（PQR：Post-Qualification Review）」で承認を受ける。
4. 射場作業を経て、打上準備完了審査（LRR：Launch Readiness Review）で打上げの最終確認を行い、打ち上げる。
5. 軌道上で、初期機能性能確認を含む初期運用を行う。
6. プロジェクトの成果物を生成する定常運用を行う。
7. あらかじめ定められたミッション期間が終了し、プロジェクトが目標とした成果物が得られると、部門審査である「定常運用終了審査」で承認を受ける。
8. 経営審査である「プロジェクト終了審査」で承認を受ける。

プロジェクト終了後（フェーズE・F）

　プロジェクト終了審査で承認されるとプロジェクトチームは解散され、成果物からアウトカムを創出する事業は、部門の業務に引き継がれる。

　プロジェクトの進捗確認は、プロジェクトレベル、部門レベル、経営レベルの3段階でなされる。プロジェクトレベルでは、プロジェクトチームのミーティング、企業との定期的および必要に応じての会議、JAXA主導の企業間インタフェース調整会議、JAXA内他部門とのインタフェース調整会議などで進捗が確認される。また、部門レベルでは毎月の進捗確認会議で、経営レベルでは四半期ごとのプロジェクト進捗報告会において、進捗が確認される。
　プロジェクトライフサイクルの途上でベースライン文書に変更が発生した場合、変更程度に応じた方法・審査により変更可否が判断される。主なミッション達成目標に影響する場合や、実施体制に大幅な変更がある場合、資金・スケジュールに一定レベルの変更がある場合には、経営レベルの計画変更審査で承認を受ける必要がある。また、ミッション達成に関わる、技術的な審議・合意が必要な機能・性能・検証の変更がある場合は、部門レベルの計画変更審査で承認を受けなければならない。仕様やインタフェース条件のマイナーな変更、

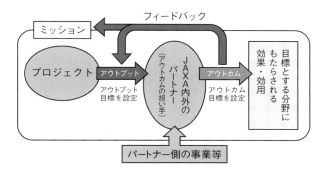

図 2.10　スコープ設定におけるアウトプット目標とアウトカム目標

ウェーバ[3]等は、プロジェクトレベルのコンフィギュレーション管理委員会（CCB：Configuration Control Board）で、審査・承認される。

　特に、経営レベルの計画変更審査では、ミッションの意義・価値が低下ないしは消滅する場合や、成功基準のフルサクセス・ミニマムサクセスが達成できない可能性がある場合、また、プロジェクト移行時の総資金と比べ一定割合以上資金が超過する場合や、打上げ時期変更によりミッション意義・価値が低下する場合には、プロジェクトの続行可否も含めて計画変更が判断される。

　なお、最近の JAXA プロジェクトにおいては、図 2.10 に示すように、プロジェクトが直接作り出す成果物であるアウトプット目標と、プロジェクトが目指すべき最終的な目的であり、プロジェクトの活動自身および成果物が対象とする分野に最終的にもたらす効果・効用であるアウトカム目標を定めている。そして、アウトプット目標とアウトカム目標を合わせてミッション目標とし、これらの目標に対して成功基準が設定される。また、スコープ設定にあたっては、アウトカム創出に繋げるために、アウトカム目標からアウトプットやプロジェクト、ミッションにフィードバックするようにしている。例えば、目指すアウトカム目標からミッションの要求や内容を定め、アウトプット

---

[3]　仕様の逸脱を許容すること。

の内容に反映し、そのアウトプットを作り出すためにプロジェクト計画を修正するなどである。

2.4.6　JAXAのプロジェクトマネジャーと人材育成

　JAXAではプロジェクトマネジャーの役割と責任を重く考え、彼らに求める要件を定めている。そこには「一つの分野での深い専門技術／科学能力」「広い分野の専門技術知識」「プロジェクトマネジメント能力」「システムズエンジニアリング能力」が含まれ、これらによる「技術的な洞察力・勘所を押さえる能力」「プロジェクトライフサイクルにわたる開発マネジメントの遂行能力」「複雑なシステムを分解し統合できる能力」が期待されている。こうした能力育成のためのモデルキャリアパスも定めている。プロジェクトマネジャーの資質としては、「熱意・迫力」「向上心」「技術的に筋を通す気力」「現実的妥協能力」「率先垂範・有言実行型」「人望・掌握力」「ネットワーク・人間関係維持力」などを有することが望ましいとしている。

　また、プロジェクトマネジャーやプロジェクトチームメンバーの能力・人材育成のために、JAXAのプロジェクトマネジメントの進め方に関する研修や、プロジェクトマネジメント中級研修、プロジェクトマネジャー育成研修など、一連の研修を行っている。さらに、プロジェクトチームの中核メンバーを対象として、JAXAのプロジェクトマネジメント文書では規定されていない日々のプロジェクトマネジメント活動の素養を身に着けるために、PMP（Project Management Professional）資格取得研修を行っている。

　その他、プロジェクトの結果を踏まえた振り返りを行い、その知識を蓄積して他のプロジェクトへ継承・反映することの重要性から、LLの作成や知識共有システムの運用を行っている。プロジェクト終了時や大きなフェーズ移行時には、プロジェクトメンバーがプロジェクトを振り返り、LLを資料化し、開発完了審査やプロジェクト終了審査でレビューされている。また、有識者がプロジェクトマネジャーに聞き取りを行い、こうしたLLから厳選した内容をウェブベースの

知識共有システムに登録し、広く機構内でアクセスできるようにしている。また、過去のプロジェクトマネジャー等にプロジェクト経験を語ってもらう暗黙知の伝承研修も行っている。

2.5 企業の研究開発事例（1）：宇宙開発

本節では、宇宙事業拡大という企業の経営戦略を受けて取り組んだ、宇宙ロボットアーム開発プログラムの事例を紹介する。本事業は、「国際宇宙ステーション日本実験モジュール（JEM：Japanese Experiment Module）子アーム」、「スペースシャトル実証試験（MFD：Manipulator Flight Demonstration）ロボットアーム」、「技術試験衛星Ⅶ（ETS-Ⅶ：Engineering Test Satellite Ⅶ）ツール部」の3つの開発プロジェクトから成り立ち、その開発実績工程表は表2.1のとおりである。

表2.1 宇宙ロボットアーム開発プログラムの実績工程表

(年度)

プロジェクト	1984	1985	1986	1987	1988	1989	1990	1991	1992	1993	1994	1995	1996	1997	1998	1999	2000	2001
JEM 子アーム		ロボットアーム概念検討					ロボットアーム 基本設計			ロボットアーム詳細設計				ロボットアーム維持設計				
		スマート ロボット アーム試作			ツール部 試作			BBM					EM					
															PFM		
MFD ロボットアーム									PFM									
ETS-Ⅶ ツール部								BBM										
									EM									
										PFM								

BBM：Bread Board Model ／ EM：Engineering Model ／ PFM：Proto-Flight Model

2.5.1 宇宙ロボットアーム開発の立上げ

1980年代初期、㈱日立製作所（以下日立）は、経営戦略として、将来成長が期待される事業分野の一つとして宇宙事業に取り組むこと

を決定した。参入の理由は、世界の宇宙ビジネスが拡大していることと、日本の宇宙開発予算の増加に伴い、宇宙関連市場の拡大が予測されたことである。また、宇宙ビジネスに携わることで最先端の技術開発に接することができるということも、理由の一つであった。

そこで日立は、宇宙ビジネスを立ち上げるため1982年に宇宙技術推進本部を設置し、具体的な事業戦略を立案するために、工場と連携しながら検討を開始した。各工場は担当製品分野から宇宙に活用できるものを提案し、宇宙技術推進本部は市場調査を実施して、各工場からの提案の適用可能性を評価しながら、半導体から大型熱真空試験設備の建設まで幅広い事業分野を検討し、事業戦略を立案した。

1983年頃、米国から日本へ宇宙基地計画への参加打診があり、これに対応するため、宇宙開発事業団（NASDA）を中心に国内関連メーカーが参加した検討チームが結成された。日立では、この検討チームに日立工場からメカトロ技術を有する技術者が参加し、提案可能な製品の一つとして宇宙ロボットを検討した。そこで、まず1985年に国際宇宙基地の日本モジュールに使われるロボットアームの概念設計をNASDAから受注し、これをきっかけに宇宙ロボットアームの研究を開始した。

研究部門では、産業用ロボットアームを使ったアーム遠隔制御技術の研究を実施した。宇宙ステーションの船内に設置する操作盤から船

図2.11　宇宙用スマートロボットアーム試作品
（日立製作所提供）

外のロボットアームを操作することを想定したアームの制御アルゴリズムと、真空潤滑技術の研究である。1987年に、小型操作盤からロボットアームを操作して台の上にある物体を掴む宇宙用スマートロボットアームの試作品が開発され（図2.11）、研究部門は、この成果により宇宙ロボットの応用研究は完了したと考えた。一方、日立工場では宇宙ロボットアームの中で最も複雑なツール部（人間の手に相当する）の製品化を目指して試作を行った。

2.5.2　JEM子アームの要素技術開発受注

1988年、日本は国際宇宙ステーション（International Space Sta-

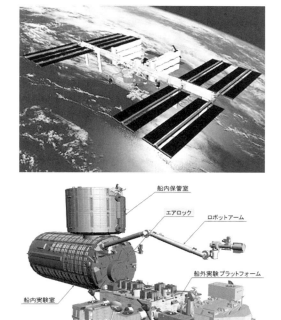

図2.12　国際宇宙ステーション（ISS）と日本実験モジュール（JEM）
（上・NASA提供、下・JAXA提供）

2.5　企業の研究開発事例（1）：宇宙開発

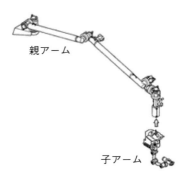

図 2.13　JEM ロボットアーム
（JAXA 提供）

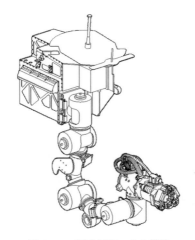

図 2.14　JEM 子アームの構造
（日立製作所提供）

tion、以下 ISS）の国際共同開発に関する政府間協定に署名した。図 2.12 に、ISS のイメージと日本実験モジュール（以下 JEM）の概念図を示す。JEM の概念を検討する中で、ロボットアームは図 2.13 に示す親アームと子アームで構成されることとなった。

　日立は NASDA からの要求に応じて提案書を提出し、1990 年に「JEM 子アーム」の要素技術開発を受注した。開発目標は、概念設計から検討してきた、精密作業が可能な 6 自由度のロボットアームであ

る。JEM子アームは6つの関節と、精密な作業ができる「ツール部」、アームを制御する「エレクトロニクス部」から構成され（図2.14）、実現のためには、関節、力・トルクセンサ、ハイブリッドIC等の部品開発が必要であった。また、宇宙特有の環境条件に耐えるための技術開発も必要となる。例えば、打上げ時の振動に耐えること、宇宙の真空中で動作すること、宇宙線によって誤動作しないこと、大きな温度変化に耐えること等が要求された。これらの実現を目指して本格的に開発に着手すると同時に、日立工場に宇宙製品製造のためのクリーンルームを用意した。

開発体制は、宇宙搭載機器の納入経験がある戸塚工場がプロジェクト取りまとめとロボットアームシステムの設計を、メカトロ製品を手掛けていた日立工場がロボットアーム本体の設計・製造を、研究部門が技術的な研究課題を担当することとした。また、ISSの完成は2000年、JEM子アームの納入は1996年と設定されたので、1990年の受注から、開発期間は7年間となった。

宇宙搭載機器は、要素試作モデル（BBM：Bread Board Model）[4]、エンジニアリングモデル（EM：Engineering Model）[5]開発、プロトタイプモデル（PM：Prototype Model）[6]開発を経て、最後に宇宙に打ち上げるフライトモデル（FM：Flight Model）[7]を製造するという4段階のステップ、または、PMとFMを合わせたPFM（Proto Flight Model）[8]製造する3段階のステップで実用化することが一般的である。JEM子アームの開発ステップは、BBM・EM・PFMの3段階とされた。

---

4 新規技術要素を有する開発において、設計の実現性を確認するために製作・試験される。

5 基本設計に基づき製作し、機能・性能・環境試験に供することで設計の妥当性を確認し、次の詳細設計段階に移行するためにデータを取得するためのモデル。

6 詳細設計に基づき、基本的に実機と同一仕様で製作されるモデル。

7 認定試験に合格したPMと同一の設計および製造方法で製作されたモデル。実際に宇宙に打ち上げる。

8 PMとFMの性格を兼ね備えたモデル。PMとFMを個別に製作するよりコストダウンが図れる。

2.5.3 ETS-Ⅶツール部の開発受注

　1990年、NASDAは技術試験衛星Ⅶ（以下ETS-Ⅶ、図2.15）の基本構想を立案して、1991年に各社に技術開発の提案を募った。ETS-Ⅶは、国際宇宙ステーションへの補給物資の輸送や、宇宙ステーション上での各種実験の実施、軌道上の人工衛星の点検修理、月惑星探査といった今後の宇宙活動に不可欠なランデブー・ドッキング技術の開発、および宇宙ロボット技術の開発を目的とした衛星で、1997年11月28日に、種子島宇宙センターより、国産の大型ロケットであるH-Ⅱロケットで打ち上げられた。打上げ後、ETS-Ⅶは「きく7号」、ランデブー・ドッキング技術の開発のために切り離された2機の衛星は、「おりひめ」「ひこぼし」と命名された。

　日立は、1990年にすでにJEM子アームの要素技術開発を受注していたので、その実績を踏まえてETS-Ⅶロボットアームの技術開発を提案し、1992年にロボットアームの一部である「ツール部」を受注した。基本的な構造はJEM子アームのツール部と同様とし、日立工場が中心となって開発を開始した。ETS-Ⅶの打上は1997年、ツール部の納期は1996年で、実質的な開発期間は4年間である。BBM・EM・PFMの3段階の開発ステップが採用された。

　JEM子アームとETS-Ⅶツール部は、ともに打上時期から逆算し

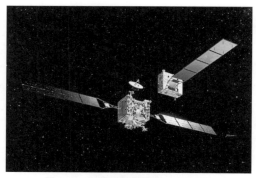

図 2.15　技術試験衛星Ⅶ（ETS-Ⅶ）
（JAXA 提供）

て決定されるトップダウンの開発工程である。2プロジェクトとも納期が1996年と短納期であり、また、同時並行で進めることになったため、全体の作業量は大幅に増加した。

2.5.4　MFDロボットアームの開発受注

1992年に、JEM子アーム開発のためにスペースシャトル上で実証試験（以下MFD）を行う計画が、突然浮上した。JEM子アームと同様に6関節・ツール部・エレクトロニクス部で構成された「MFDロボットアーム」（図2.16）をスペースペースシャトルのカーゴベイに取り付け、船内から操作して基本機能の動作実験を行うものである。

MFDロボットアームは、1997年に米国のスペースシャトルで打ち上げられると決定され、打上時期から逆算して、納期は1995年と設定された。この決定を受けて、JEM子アームのEM開発には、MFDロボットアームの関節とツールの開発成果を活用し、寿命試験のみを行うこととなった。

MFDロボットアームはJEM子アームと同様の構成であるが、動作環境がISSではなくスペースシャトル上であるため、電力系統の環境条件に違いがある。一方、実証試験の期間は2週間と、JEM子

図2.16　MFDロボットアームの概念図
（JAXA提供）

アームに要求される寿命よりも大幅に短い。しかし、短期間の実証試験とはいえ、打上げ時の振動や真空中での大きな温度変化に耐え、宇宙環境で誤動作しない等の厳しい条件は同じである。

また、MFDロボットアームの開発では、JEM子アームのBBMから直接PFMを製作することとなった。しかし、MFDロボットアームの受注時点では、JEM子アームのBBMは、一部の構成部品の開発にようやく見通しが立ってきた段階にすぎなかった。そこからわずか3年で、実際に宇宙で動くロボットアームを完成させるという非常に厳しい開発工程であったものの、最終的な経営判断を踏まえて1993年4月にこれを受注した。

2.5.5　3プロジェクトの遅延およびその対策

このような経緯で、JEM子アーム、ETS-Ⅶツール部、MFDロボットアームの3プロジェクトを並行させることになった。いずれも日立にとって初めての開発品である上、納期が厳しく、リソースも限られた中で、工程、リソース、品質、開発費などについての最適なマネジメントが必須となった。

そして、3プロジェクトを並行する中で、様々な問題が浮上してきた。例えば、1993年後半、ETS-Ⅶツール部の重要な部品の振動試験実施中に亀裂破壊が発生し、その原因究明と対策が難航した。さらに、JEM子アームのEM開発に向けた基本設計の遅延も顕在化した。そこで、NASDAからの要請を受け、経営幹部の指導により体制強化を実施した。

まず、開発責任者が交代となり、新責任者により3プロジェクトに関する様々な課題の実態把握と対策検討が実施された。技術的な課題については、設計者からのヒアリングにより課題を顕在化させ、研究部門や他の設計部門の協力を得ながら解決策を検討した。工程に関する課題は、納期を守るためのアクションを全て洗い出し、そこへ工程リスクを想定したアクションも加え、設計担当者を決めて確実に実行することにした。また、その過程でリソース不足が顕在化したので、

他部門などから大幅な人員強化を実施した。

　開発費の不足に関する課題は、必要な費用を全て顕在化し、社内の予算処置を実施した。そしてマネジメントに関しては、システム設計担当の戸塚工場と開発担当の日立工場の関係者を日立工場に結集することにより組織の壁を取り除き、全てのプロセスを1箇所で統括できる体制とした。こうして1994年前半に全ての課題を顕在化し、体制強化を実施した。以下、製品を納入した順にプロジェクトの結果を示す。

2.5.6　MFDロボットアームの納入

　MFDロボットアームの開発は、1993年4月に開始された。前述のとおり、3プロジェクトを並行する中で、1994年前半に様々な課題を解決するための体制強化が実施された。しかし、スペースシャトルの打上時期は日米で合意されており、1995年度末という厳しい納期は変更できる状況ではなかったため、設計者の大幅増員と休日返上、製造現場の3交替勤務を実施して、工程遅延を挽回した。こうして、関節・ツール部・エレクトロニクス部について、振動試験、熱真空試験、電磁適合性試験等の全ての技術的な検証が終了し、納期である

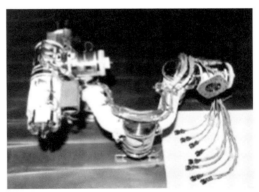

図 2.17　MFD ロボットアーム
（JAXA 提供）

図 2.18　スペースシャトル実証試験における MFD ロボットアーム
（NASA 提供）

1995 年に MFD ロボットアームが完成した（図 2.17）。

その後、スペースシャトル操作室からの MFD ロボットアーム操作装置とのインタフェース試験を行い、1996 年に最終的に実証試験システムが完成し、1997 年 8 月にスペースシャトルで打ち上げられ、2 週間の実証実験が無事に終了した。この実験は、日本初のロボットアームの飛行実証試験となった。地球を背景にした MFD ロボットアームを図 2.18 に示す[23]。

2.5.7　ETS-VII ツール部の納入

ETS-VII ツール部の開発は、BBM・EM・PFM の 3 ステップを実質 4 年間で完了させるという非常に厳しい工程であった。ETS-VII は技術試験衛星とはいえ、運用期間は約 2 年間であり、運用期間が 2 週間と短い MFD ロボットアームと比較して厳しい品質管理が求められた。

2.5.5 項で述べたとおり、1992 年の開発開始から約 1 年後に重要な部品の亀裂破壊が発生したが、原因究明と対策によって 2 年間で BBM を終了することができた。開発期間が短いため、BBM・EM・PFM の開発ステップは一部オーバラップしながら進めていった。また、MFD ロボットアームの納期が先であったため、リソースマネジ

図 2.19 完成した ETS-Ⅶ
（JAXA 提供）

メントが困難であったものの、開発の最終段階においては電機部門の協力を得ながら品質を向上させ、予定どおり 1996 年に納入することができた。

ETS-Ⅶは 1997 年に種子島宇宙センターから打ち上げられ、1998 年にチェイサ衛星（ひこぼし）のロボットアーム先端に取り付けられたツール部によりターゲット衛星（おりひめ）を把持し、最初のランデブー・ドッキングに成功した。ロボットアームが取り付けられた ETS-Ⅶを図 2.19 に示す[24]。

2.5.8　JEM 子アームの納入

1995 年に MFD ロボットアームの組立てが完成した後、遅延していた JEM 子アームのプロジェクトに設計者をシフトして、設計体制を強化した。JEM 子アームは、10 年間の運用期間、MFD ロボットアームの 4 倍の把持質量、船外活動を行う宇宙飛行士の安全などの厳しい条件を満たす必要がある。また、親アームの先に子アームが把持される構成なので、エレクトロニクス部とアームを一体化させる構造にする必要があること、電気系統のインタフェースがスペースシャト

ルとISSでは異なること、さらに、ISSの設計要求追加に従ってJEM子アームの設計要求も変更されることなどにより、大幅な設計変更が必要となった。

　JEM子アームの開発では、すでにMFDロボットアームで宇宙実証試験を実施していることを踏まえて、PMとFMを合わせてPFMとし、BBM・EM・PFMの3ステップで開発と製品製造が進められた。BBMはMFDロボットアーム完成前に終了していたが、EM開発においてはMFDロボットアームの開発成果を活用して寿命試験を実施した。JEM子アームは、納入済みのMFDロボットアームやETS-Ⅶツール部より大幅に長い寿命を要求されていたため、これを

関節の性能試験　　　関節の振動試験　　　関節の熱真空試験

図2.20　EM開発における各種環境試験
（日立製作所提供）

図2.21　完成したJEM子アーム
（JAXA提供）

満たすための設計変更を行い、性能試験、振動試験、熱真空試験により寿命を評価した（図 2.20）。さらに PFM 開発へと進み、6 関節・ツール部・エレクトロニクス部他を製造して、一体型の JEM 子アームを組み立てた（図 2.21）。

その後、図 2.22 に示す JEM 子アーム全体の振動試験、熱真空試験、EMC 試験他の各種環境試験による技術検証を経て、2001 年に NASDA に納入した[25]。最後に、図 2.23 に示す親アームとの組合せ試験を実施して、システムの成立性を確認した[26]。

当初の計画では PFM 開発期間は 2 年間であったが、結果として 5 年間を要した。また、JEM 子アーム全体の開発期間は、4 年間追加

  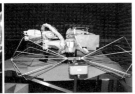

子アームの振動試験　　子アームの熱真空試験　　子アームの EMC 試験

図 2.22　JEM 子アーム全体の各種環境試験
（日立製作所提供）

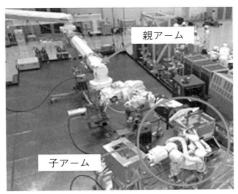

図 2.23　親アームとの組合せ試験
（JAXA 提供）

となり11年間となった。ISSは、計画当初では2000年の建設完了を目指していたが、開発遅延により軌道上での組立て開始が1999年になり、さらに2003年のスペースシャトル「コロンビア」の空中分解事故による中断を経て、予定より11年遅れた2011年に完成した。

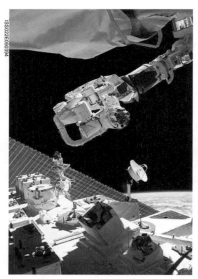

図2.24　船外での動作試験
（NASA提供）

図2.25　スピン衛星放出に成功（2014年9月）
（NASA提供）

JEMは、2008年3月に船内保管室、6月に船内実験装置とJEM親アーム、2009年7月に船外実験プラットフォームがそれぞれ取り付けられ、完成に至った。JEM子アームは2001年の納入後は地上で保管されていたが、2009年9月に宇宙ステーション補給機（HTV）初号機の与圧部に搭載して打ち上げられ、JEM内で組み立てられた後、エアロックから船外実験プラットフォームへ搬出され、所定の保管場所に格納された。そして2010年10月に船外での動作試験に成功し（図2.24）、2014年9月に初めてのミッションであるスピン衛星の放出に成功した（図2.25）[27]。

2.5.9 まとめ

以上のように、日立では1980年代初期に経営方針を受けて宇宙事業への参入という事業戦略を立案した。そして、具体的な製品の一つとして宇宙ロボットアームに取り組むことを決断し、社内研究の成果を踏まえ、受注のための提案を行った結果、3つのプロジェクトを受注・開発し、2001年に最後の製品であるJEM子アームの納入を完了した。

宇宙搭載機器の開発・製造の経験がない日立工場において、厳しい技術的な要求、短い開発工程、限られたリソースの中で、NASDAから受注した宇宙ロボットアームの開発・製造を完成させ、納入することは困難を極めたが、開発した製品は宇宙空間において無事にミッションを達成した。約20年間にわたり、各フェーズにおいて受注前活動、要素開発、製品開発の立上げ、開発の混乱、そして混乱の収拾と、貴重な開発マネジメントの知見を蓄積することができた。さらに、各プロジェクトをまとめたプログラムマネジメントとしても重要な事例とすることができた。

2.6 企業の研究開発事例（2）：オフィス機器

本節では、オフィス機器メーカー A 社における、研究開発主導による新規事業立上げの問題点や課題対応の事例について述べる。

2.6.1 新規事業立上げの問題点

A 社は、プリンターや複合機を主に製造販売するオフィス機器メーカーである。2016 年度の売上は 2 兆 2 千億円を超え、世界各国に市場を広げており、海外売上比率も 50 ％に達する。しかし A 社で「オフィスソリューション分野」と呼ぶ MFP（Multi Function Printer）機、プリンター、デジタル印刷機、それらをネットワークや PC に繋いだネットワーク商品は売上高の 90 ％を占めており、市場の変化に対応するには、新規事業を立ち上げていく必要がある。

A 社はこれまで、創業時の感光紙から始まり、民生用カメラ、複写機、プリンター、MFP 機と、主要事業を拡大してきた。しかしこの 20 年来、オフィスソリューション分野以外で大きな新規事業が生まれないという経営課題を抱えており、近年、研究開発部門から新規事業を生み出すにはどうしたらよいかを模索してきた。

図 2.26 に示すように、研究開発での成果を新規事業に導く際、要素開発から商品開発を経て産業化に至る間に「魔の川」「死の谷」「ダーウィンの海」といわれる困難が存在することが知られてい

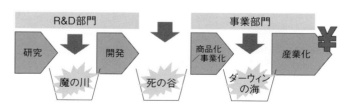

図 2.26 研究から産業化に至るまでの「魔の川」「死の谷」「ダーウィンの海」

る[28-30]。研究には、いろいろな技術の可能性を試し、複数の技術を提案することで技術内容を発散させるという性質があるが、発散した技術を一つの方向に収束させる開発へ移行するのが難しいとされる。これを魔の川と呼ぶ。死の谷は、開発から事業化への移行にあたり、マーケティングや経営戦略の不在、プロジェクトマネジャーの経験不足、周辺技術や製造プロセスの改革不足、リソース不足、ビジネスのコミットメントや目的の不明瞭さ、技術の見識不足などにより、困難が生じることをいう。

そこでA社研究開発部門では、2000年頃に、まずなぜ研究開発から新規事業が生まれないのか、すなわちなぜ研究開発の技術が死の谷に落ち込んでしまうのかについて、コンサルタントの力も借りて内部調査を行うことにした。その結果、以下の課題が明確になった。

・受け皿となる関連事業部門との連携が不明確なため、技術移行がうまくいかない。
・多くのテーマが自社の研究開発部門内での検討に留まり、社内外へ

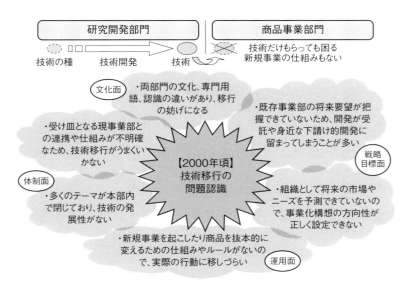

図2.27　A社における研究開発部門から技術を事業部移行する際の問題認識

の技術の発展性がない。
・新規事業を立ち上げて商品化する仕組みやルールがないので、どのように新規商品に新規技術を搭載して事業を立ち上げるのか、実際の行動に移しづらい。
・研究開発部門で商品事業部門の将来要望を把握できていないため、受託や下請け的な開発に留まってしまうことが多い。
・研究開発部門で将来の市場やニーズを予測できていないので、事業化構想の方向性が正しく設定できない。
・研究開発部門と商品事業部門間の文化、専門用語、認識に違いがあり、技術移行の妨げになる。

これらの課題分析により「研究開発部門から商品事業部門に要素技術を受け渡す仕組みがなく、情報共有やコミュニケーションも不十分であった」という事実が明確になった（図2.27）。

2.6.2　死の谷を越える組織横断プロジェクトマネジメントの展開

これらの状況を打開し、新規事業を生み出すにはどうしたらよいのかを検討した結果、研究開発部門のテーマにP2M（プログラムとプロジェクトのマネジメント）を展開し、商品事業部門と研究開発部門の橋渡しをする施策を行うことになった。A社では、そのモデルをIBM社のプロジェクトマネジメント体系であるIPD（Industrial Product Development）に求めることとした[31]。

IPDは商品開発のプロジェクトマネジメント体系であり、「市場で最も受け入れられる商品領域の開拓を決定し、商品の開発を企業にとって事業の視点で最も迅速かつ効率よく行うために、製品の構想から終了までの期間にわたり、開発投資・開発プロセス・開発体制・ITを統治する統合マネジメントシステムである」と定義されている。A社では、研究開発に先んじてMFP機やプリンターといった商品開発にA社流にアレンジしたIPDを展開して成功を収めていた。IPDとの違いは、IPDでは複数の管理チームが並行し、プログラム

としてマネジメントを行うが、A 社では商品開発の部分等、一部に特化して展開した点である。A 社ではこれを「A 社 R&D-IPD」と称して、研究開発にも展開する試みを行い、研究開発部門の開発テーマに対して以下のような施策を展開した[32]。①が組織面での施策、②〜④が運用面の施策である。

① 研究開発テーマへの組織横断的プロジェクトマネジメント運営の展開
・研究開発以外の関連部門とも協力し、開発系人材交流や既存技術活用といった開発資源の活用と協力、および協力方向性の判断を行う。
・プロジェクトマネジメントチーム（PMT）を設定し、意思決定を行う。
・技術開発マネジメントチーム（GMT）を設定し、開発推進を行う。

② 研究開発部門におけるプロジェクトマネジメントツールの活用
・従来研究開発部門では活用していなかった、プロジェクトマネジメント運用ツールを活用する。

③ 研究開発特有の不確実性とリスクマネジメントの対応
・不確実性を前提としたリスクの認識を徹底する。

④ 研究開発に適したプロジェクト目標設定
・最終商品形態や目標をいきなり開発初期に確定するのではなく、まずはフレキシブルに目標値を設定し、商品事業部に技術移行する時点（商品プロジェクト開始時）に再度目標値を明確にするという目標値設定プロセスを導入する。
・フレキシブルな目標判断をするために、柔軟な審査会を行う。

最も重要な施策は①、すなわち研究開発部門と商品事業部門の間に組織横断のプロジェクトマネジメントを展開したことである。図 2.28 は A 社 R&D-IPD 導入前後の比較である。従来は、あるレベルまで

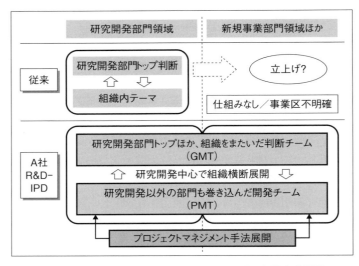

図 2.28　A 社 R&D-IPD を展開する以前と以後の新規事業展開

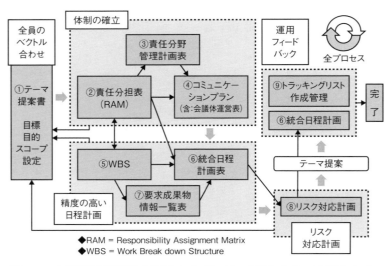

図 2.29　A 社研究開発部門で設定したプロジェクトマネジメントツールと運用プロセス

技術が完成したテーマを研究開発部門から商品事業部門に提案し、商品への搭載可否の判断について事前のすり合わせを行わずに事業化を進めていた。しかし図 2.27 に示した課題が顕在化したことにより、その解決のために研究開発部門と事業部門を組織横断で運営する、GMT、PMT と称するチームを設置した。

ここで、A 社研究開発部門で設定した基本的なプロジェクトマネジメントツールとその活用プロセスを図 2.29 に示す。

まず、プロジェクトマネジメントの具体的な手法として、活用すべきツール選定と活用ルール、テーマステージとしての会議体設定と決

表 2.2　A 社 R&D-IPD での開発ステップ

項目番号	記載項目	実証準備審議会	実証テーマ提案審議会	実証テーマ技術開発完了審議会	実証テーマ完了審議会
—	表紙	◎	●	●	●
1	事業化構想	◎	●	●	●
2-1	市場分析	◎	●	●	●
2-2	競合分析	◎	●	●	●
3-1	ビジネスモデル		○	◎	●
3-2	マーケティング・販売戦略		○	○	◎
3-3	業績計画			○	◎
3-4	事業化課題と対策				◎
3-5	商品コンセプト	◎	●	●	●
3-6	顧客提供価値	◎	●	●	●
4-1	必要技術一覧（保有技術）	◎	●	●	●
4-1	必要技術一覧（不足技術）	◎	●	●	●
4-2	開発目標値／開発結果		◎目標	●結果	●結果
4-3	技術ロードマップ	◎	●	●	●
4-4	関連特許一覧	◎	●	●	●
4-5	プロトタイプ		◎計画	●結果	●結果
5-1	開発計画		◎	●	●
5-2	リスク対応計画		◎	●	●
5-3	開発体制		◎	●	●
5-4	投資計画		◎計画		●
5-5	実績			○	●
6	結果			◎	●

○：推奨　◎：必要　●：完了

裁事項の明確化を行った。研究開発部門の開発メンバーは、それまでプロジェクトマネジメントは未経験であったため、多くのツールを教育しても消化不良になると考え、RAM（Responsibility Assignment Matrix）[9]、WBS（Work Break down Structure）[10] など基本的な9種を選択した。また、開発メンバーへのツール活用方法やプロジェクトマネジメント運用方法の教育は、PMO（プロジェクトマネジメントオフィス）が教育を支援した。表2.2はA社R&D-IPDで設定した段階的会議推進ステップである。これらは組織横断のGMTによる会議として開催される。

A社R&D-IPDでは、この施策で運用するテーマを「実証テーマ」と称した。数十個のテーマから実証テーマを選択するにあたって、以下の①～④の条件を提示し、比較的技術完成度が高く、事業化に近いテーマを選択した。

①事業の種として、3～5年後を目処に商品化が期待できる技術であること。
②研究開発部門が開発主管となる技術であり、そのシステム化において研究開発部門以外の外部組織力も生かせるシステム構築テーマであること。
③他社に対し技術の競争優位性があり、特許網の構築も期待できること。
④将来想定される事業の長期にわたる優位な3Sモデル[11]が想定され、高い収益性、事業性が期待できること。

テーマ選択の結果、A社R&D-IPD運営にふさわしい実証テーマとして、以下の2テーマが選択された。なお実施を2テーマに限定したのは、実証テーマ運営には多くの組織的労力が割かれるため、あまりに多くのテーマ運営は当面難しいと判断されたためである。

9　責任を持つ担当者を明確にした表。
10　プロジェクトマネジメントで最初に定義する「作業項目リスト」のこと。
11　プロジェクトとプログラムの推進を、スキームモデル、システムモデル、サービスモデルの流れで規定したモデルのこと[36]。

・実証テーマ A：画像、音声、通信技術を融合した遠隔会議システム技術
・実証テーマ B：医療分野に関係するデバイス技術

　こうして、この 2 テーマで A 社 R&D-IPD によるプロジェクトを運用し、並行して商品事業部で商品化プロジェクトも設置した。2 テーマとも技術開発プロジェクトと商品開発プロジェクトを統合したプログラムの視点で推進し、商品化を目指した結果、実証テーマ A が商品事業部に移行し、商品化に至った。なお、実証テーマ B も商品事業部に移行されたものの、開発途中で商品化を断念することとなった。その理由は、テーマや技術上の問題ではなく、あくまでも事業性見直しの結果によるものであった。

　このように、A 社 R&D-IPD の展開により、死の谷を越えて 1 テーマを商品化することができ、後日のヒアリングにより、「成功要因は、研究開発部門と商品事業部の間で、事業化に向けた情報共有やコミュニケーションが適切に図れたことにあった」と評価された。一方で、A 社 R&D-IPD には、以下の課題も指摘された。

①研究開発部門と商品事業部の組織横断プロジェクトには、人的資源と運営の手間がかかり、複数のテーマを並行して運営することが難しい。
②比較的技術完成度が高いテーマの場合は組織横断プロジェクトの展開が可能だが、そうではないテーマで展開することは難しい。

　研究開発部門の研究開発テーマが魔の川を越え、さらに死の谷も越えていくためには、研究開発部門に魔の川が存在する原因である「発散する性質がある研究から、収束する性質がある開発への、スムーズな移行の難しさ」を解決する必要がある。そこで A 社では、上記①②の課題を考慮し、研究開発部門の全テーマに展開可能な新たな P2M 手法の探索を行うことで、魔の川の問題を解決することとした[33]。次項でその概要を示す。

2.6　企業の研究開発事例（2）：オフィス機器

2.6.3 魔の川を越える 研究開発全テーマに展開可能な P2M 手法

研究開発部門の全テーマにプロジェクトマネジメントを展開するという方針には、研究開発部門の開発者から多くの反対意見が寄せられた。その多くは「A 社 R&D-IPD のように方向性が明確で技術完成度の高い技術であればまだよいが、元々自由な発想を必要とする研究開発部門にプロジェクトマネジメントはそぐわないのではないか？」というものであった。そのため A 社では、商品事業部門での運用方法（商品事業型）と研究開発部門での運用方法（研究開発型）を比較しながら、研究開発部門のプロジェクトマネジメントの運営方法やあるべき姿を設定することとし、図 2.30 に示すとおり整理して提案を行った。

「商品事業型」とは、商品事業部などで最終商品の目標を確定し、開発、設計、生産、販売、サービス、品質保証など商品開発に関連する多くの関連区が参加するプロジェクトマネジメント形態である。一方「研究開発型」とは、目標が未確定で、主に研究開発部門内の閉じた組織内で運用するタイプのプロジェクトマネジメント形態である。

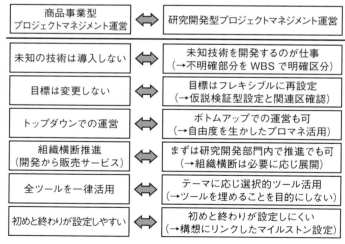

図 2.30 商品事業型と研究開発型のプロジェクトマネジメント運用相違

この提案を一言でまとめると、「研究開発部門のプロジェクトマネジメントテーマ推進は、不確実な技術の内容を明確にすることが前提である。そのため目標設定や運営もそれに沿いフレキシブルに、かつある程度の自由度を保つことを目指す」ということである。この考え方を研究開発部門に浸透させ、具体的な研究開発テーマのプロジェクトマネジメントのあり方を討議した結果、その基本的な概念を「研究開発部門と商品事業部門のプロジェクトマネジメント推進プロセスは基本的に同じであるが、研究開発部門ではそのプロセスにフレキシビリティを持たせることが重要である」とする結論に至った。

　プロジェクトマネジメントのプロセス設定においては、図2.30の考え方を踏襲し、研究開発テーマごと、プロセスごとに段階的にツールを活用して推進することとした。一般的に、商品開発部門では、プロジェクト参加メンバー全員が与えられた全てのツールを画一的に活用することが一般的である。それに対し研究開発部門では、1人で行う研究探索のテーマから、スペックが確定し商品事業部と共同で開発を行う数十人規模のテーマまで、多種多様なテーマが混在するため、テーマごとに活用するツールも異なる。例えば1人で探索を行うテーマでRAMを活用するのは無理がある。そこで、横軸をテーマ参加

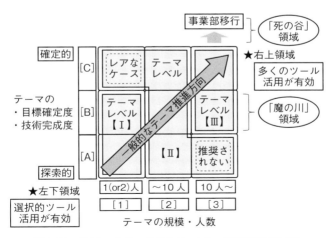

図2.31　3×3マトリックスとテーマレベル設定の模式図

2.6　企業の研究開発事例（2）：オフィス機器　　79

メンバーの人数、縦軸を技術完成度と目標確定度に設定したマトリックスを用意し、研究開発のテーマレベルを3段階に分類して、それぞれのレベルにおける推奨ツールを設定することにした。A社ではこれを「3×3マトリックス」と呼んだ（図2.31）。

一般的な研究開発テーマは左下から右上の方向に推進し、上辺を越えて上に至ることが商品事業部への技術移行を表す。[A]は探索技術領域、[C]は要素技術領域、その間の[B]が魔の川に相当する。[C]まで到達した技術については、商品事業部と整合を行い、完成度の高いものは商品事業部に移行する。つまり、このマトリックスの上辺から上に至る領域が死の谷に相当する。マトリックス内のマス目は9つあるが、このうち[1][C]は極めて少ない人数かつ技術完成度が高いテーマという事例が少ないケースであり、[3][A]の大人数での探索テーマは積極的に推奨されないため、実際の運用からは除外した。

同時に、図2.29に示した体系を用いて、ツール類の基礎的なフォーマット、活用例、活用方法をデータベース化し、研究開発部門の社員全員が活用できるようにした。これにより、研究開発部門の全テーマがマトリックス上のどの位置にあり、どのツールを活用してプロジェクトマネジメントを推進すべきかがわかるようになった。ツールを中心としたプロジェクトマネジメント手法については、PMO（プロジェクトマネジメントオフィス）が支援を行った。

商品事業部でも、3×3マトリックスを見ればどのレベルの技術がどのような状況にあるかを把握でき、3Sモデルと整合を図りやすくなる。さらに、テーマが進捗してマトリックス上の各マス目を移動するポイントはそのままステージゲートとなるため、研究開発テーマのステージゲート管理にも活用できる。すなわち、3×3マトリックスを活用すると、研究開発の全テーマについて商品事業部の3Sモデルとの連携レベルが確認でき、それに応じた研究開発テーマでステージゲート法を活用できるというメリットがある。またこのマトリックスは、一つひとつのテーマの位置づけを確認できるとともに、研究開発部門の全テーマのポートフォリオとして活用することも可能である。

図2.32は、図2.31のマトリックスを、縦軸である目標確定度と技術完成度の視点［A］［B］［C］で見直したもので、研究開発部門内で各テーマの位置づけが確認できるとともに、商品事業部も、将来事業化に必要な関連技術がどのように配置されているかを判断できる。［C］領域のテーマは商品事業部に近いので、技術の仕様や商品事業

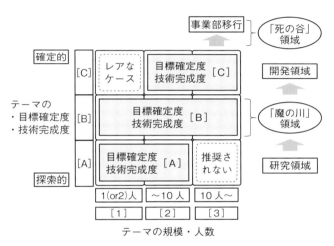

図2.32　3×3マトリックスを目標確定度と技術完成度で表現した模式図

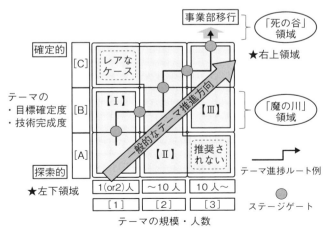

図2.33　3×3マトリックスをステージゲートとして活用する模式図

2.6　企業の研究開発事例（2）：オフィス機器　　81

部との関わりも比較的確定している。しかし、A社の研究開発部門では、［A］の探索テーマについても、将来どのような商品や市場に活用できそうかという仮想的な市場価値や商品構想を提案するようにした。従来の研究開発部門での研究領域では、発散志向で研究の価値を高めたり、あらゆる可能性を提案したりすることを目的としていたが、A社ではそれに加え、［A］のレベルのテーマについても将来の事業構想を提案し、研究から開発へ進む道を明確にすることで、魔の川を越えることを目指した。

また、前述したとおり、研究開発のテーマを推進しながら3×3マトリックス上の9つのマス目（実際の運用では7つ）をまたぐポイントは、ステージゲートとなる。図2.33に、研究開発テーマの3×3マトリックスをステージゲートとして活用する模式図を示す。図2.33でジグザグに示された線がテーマの進捗ルートである。このルート上でそれぞれのマス目を越える●がそのままゲートとなり、ステージゲート管理が可能となる。これにより研究から開発に移行する目標値を適切に設定しながらテーマ運用を行うことができ、魔の川克服のための工夫となっている。

A社研究開発部門では、この3×3マトリックスを用いた研究開発テーマの可視化により、商品事業部門の3Sモデルとの連携を明確にし、ステージゲート法も展開しながら、P2Mの視点で新規事業化を推進しやすい仕組みを構築した。そして、実際に研究開発部門の8テーマでの運用を試行した結果、テーマ運営の可視化、効率化、研究開発部門と商品事業部門との連携が図られ、1年半の間に8テーマ中4テーマが魔の川・死の谷を越え、関連技術の新規事業化もしくは既存事業商品への搭載を実現できた。これは従来と比較して高い成功確率であり、提唱した手法が有効であることが確認できた。

2.6.4　A社研究開発部門での P2M施策サマリーと今後の課題

これまで述べたように、A社研究開発部門では以下のP2Mを展開してきた。

・比較的完成度の高いテーマを A 社 R&D-IPD の組織横断プロジェクトマネジメントにより運営し、さらに商品事業部の事業化プロジェクトとも連携することにより、死の谷を克服する手法
・研究開発部門のテーマを 3×3 マトリックスで可視化して商品事業部との関わりを明確にし、さらにステージゲート法を展開することにより、魔の川と死の谷を越える手法

　双方の手法の活用により、商品事業部門がミッションプロファイリング、プログラムデザイン、プログラム実行の統合マネジメントを行う過程で、3S モデルと研究開発部門の要素技術との整合を図ることができ、新規事業に展開できた。一番の成功理由は、研究開発部門内で研究から開発へスムーズに移行でき、さらに商品事業部門との間で濃密な情報共有とコミュニケーションを図ることができたことであると分析された。

　しかしこれらの手法では、商品事業部門に明確な 3S モデルのコンセプトがない場合には、両部門間のマッチングが難しい。その場合は、研究開発部門から要素技術を中心とした 3S モデル提案を行うことも有効である。逆に商品事業部門の 3S モデルに対応する技術が研究開発部門に存在しない場合もあり、その場合には社外の技術資産を活用する手法であるオープンイノベーションの導入が必要となる。また、業種業態によって研究開発の要素技術から商品化に至るプロセスは異なるため、ここで述べた手法を A 社のみならず他業種に展開するには、さらなる適正化、最適化を図る必要があり、今後の課題であると言える。

第 3 章

研究開発を成功に導く
プログラムマネジメント

3.1 はじめに

　本章では、研究開発を経て製品・サービスの事業化を成功に導くために、まず3.1節で研究開発プログラムを「研究プログラム」「開発プログラム」「事業化プログラム」の3つに分解し、それぞれのマネジメントの概要を説明する。続いて3.2節で、これらのプログラムを事業化までのプロセスに応じて組み合わせてパターン化し、効率よいマネジメント方法を説明する。最後に研究開発の成功・失敗の要因についてまとめる。

3.2 研究開発プログラムの構成

　研究開発プログラムとは、事業化を目的に、新しい知見および新しい技術や、製品・サービスを能動的に生み出す活動である。研究開発プログラムは不確実性が高いものの、事業化に成功した場合は企業経営に大きな貢献が期待できる。

　第1章で説明したとおり、研究とは新しい知見を明らかにすること、開発とは新しい技術や製品を実用化することであり、マネジメント方法は大きく異なる。そこで本章では、研究開発プログラムを「研究プログラム」「開発プログラム」「事業化プログラム」の3つのプログラムから構成されるものと考える。研究開発プログラムの構成例を図3.1に示す。研究プログラムは、複数の研究プロジェクトによって構成され、研究の成果が出れば開発プロジェクトに移行する。また開発プログラムは、複数の開発プロジェクトによって構成され、開発成果が出れば製品に移行する。

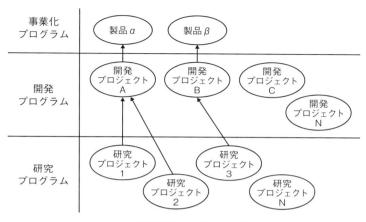

図 3.1　研究開発プログラムの構成例

3.2.1　研究プログラムのマネジメント概要

　研究開発プログラムの最終的な成果は、製品・サービスの市場投入である。そこで、本章で解説する研究プログラムマネジメントでは、第1章で定義した研究のうち、応用研究を対象とする。研究マネジメントの特徴は、不確定性が高くスコープを明確に定義しにくいため、マネジメントの効果が出にくいことと、研究期間の延長、研究費の増加等の傾向があることである。

　企業の研究プログラムは、図3.2に示すプロセスとなる。まず、経営戦略に沿って研究戦略を立案し、研究プログラムミッションを設定する。そして、研究プログラムミッションを達成するために研究プログラムを創生し、研究を実行し、成果を出す。国の場合は、国家戦略に沿って研究戦略を立案し、研究プログラムミッションを設定する。そしてそれを達成するため研究費を予算化し、プログラムマネジャーを決定して研究を実施する。

　なお、企業の研究プログラムに対して国が支援を行う場合もある。この場合は研究プログラム創生段階で国に提案を行う。

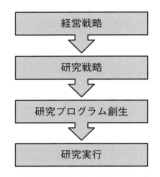

図 3.2　企業の研究プログラムのプロセス

研究プログラム創生

　研究プログラム創生は、「ミッションプロファイリング」と「プログラムデザイン」から構成される。ミッションプロファイリングは、プログラムミッションを明確にし、それを実現するためのシナリオを描くことである。国として研究開発に取り組む場合は、例えば図 3.3 に示す体系をもとに全体のシナリオを立案していく。すなわち、まず国の政策を具体化するために施策を検討し、続いてその施策を具体化するためにプログラムや制度を設定する。そして、それを受けて研究開発課題・プロジェクトを具体化する、という流れである。

　研究テーマを設定する方法としては、図 3.4 に示すストークスの分類が挙げられる。ストークスの分類では、研究を根本原理と用途を 2 軸とする 4 象限に分け、このうち、用途を考慮して根本原理を追求する「パスツール象限」に注目することが重要であるとされている[34]。この考え方は、多くのイノベーションを創出している DARPA でも採用されている。

　次に、プログラムデザインによりプログラムの構造を明確化する。プログラムデザインとは、ミッションプロファイリングの成果物に基づき、プログラムのアーキテクチャ（プロジェクト群の構成）を設計することである。研究においては、明確な期限や成果目標、成功条件などを定めることが難しい場合が多く、研究成果の判断基準や評価基準も明確でない場合が多い。そこで本書では、研究において「サブ

ジェクト（課題）」という概念を設定する。これは具体的な課題解決のための概念で、プロジェクトマネジメントにおける作業単位（WBS）の考え方を応用したものである。サブジェクトにより研究課題を個別化することによって、マネジメントが容易となる。

以上を前提にしたプログラムデザインの一例を図3.5に示す。図3.5では、研究テーマを具体化するために現状からサブジェクトを抽出して繋げ、目標を設定して、研究プロジェクトを構成する。

研究の実働チームには、難解な内容をわかりやすく説明・プレゼン

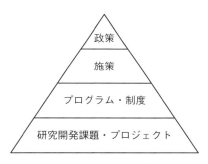

図 3.3　国の研究開発立案の体系

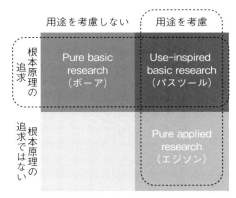

図 3.4　研究に関するストークスの分類

3.2　研究開発プログラムの構成　　89

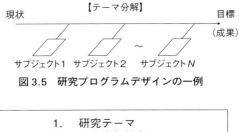

図 3.5　研究プログラムデザインの一例

```
1.  研究テーマ
2.  研究責任社者
3.  研究の背景
4.  研究目的
5.  研究の概要
6.  研究計画・方法
7.  研究の実施体制
8.  研究スケジュール
9.  研究費
10. 期待される成果
```

図 3.6　研究計画書の一例

する能力、体力、マネジメント側との関係を最適に保つための人間性や人的交流技術などのスキルが要求される。同時に、マネジメント側には、実働チームからの技術説明や進捗報告、課題に対して真摯に対応し、状況把握や判断を行うといった技量が要求される。

　研究プログラム創生の成果物は、「研究プログラム構想計画書」である。その中には製品コンセプト、技術ロードマップ、研究計画書が含まれる。製品コンセプトとは、ニーズまたはシーズにより創出した製品のアイデアを、市場環境および技術予測等を踏まえて明確化したものである。技術ロードマップは、必要な技術とそれらを獲得する道筋と時期を示すものである。研究計画書とは、研究を実施するための計画書である。研究計画書の一例を図 3.6 に示す。

研究プログラムの実行

　研究プログラムは、研究プログラム構想計画書に従って実行される。研究プログラムは、研究ミッションを達成するために通常複数の研究プロジェクトから構成され、それらの関係性を保ちながら研究が

実行される。研究プロジェクトを構成するサブジェクトの実行例を図3.7 に示す。サブジェクトでは、論文や学術的探究心、メンバーの知識、研究部門の暗黙知等から課題を設定する。そして、それぞれの課題解決のために仮説を立て、どのようなアプローチで実験検証を行うか、また、その実験検証のために何を準備するべきかといった計画を検討する。課題が困難であるほど、何度もフィードバックをしながらPDCA サイクルを回す必要があるが、その際にはすでに企業内で確立されている技術（クローズドイノベーション）以外に、外部の研究成果や技術、知識（オープンイノベーション）を有効利用することも望ましい。

また、事業化に向けて、研究成果の権利化（特許申請）を意識したマネジメントを行うことも重要である。一方、同じような研究を行っている国内外の研究者と競争している場合は、スケジュールのマネジメントに注力する必要がある。

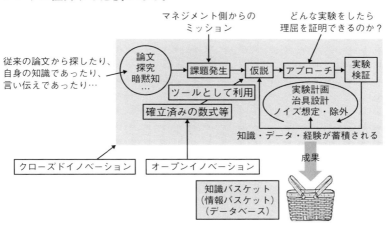

図 3.7　サブジェクトの実行例

3.2.2　開発プログラムのマネジメント概要

開発プログラムは、製品・サービスの事業化のために、決められた期限内で信頼性の高い製品・サービスを開発することが目的である。そこで、以下の点に特に注力する必要がある。

①開発プログラム創生段階において、明確な開発目標、事業化時期、開発体制を構築すること。
②実行段階において、開発期限を守るために全力を挙げて技術リスクに対応すること。
③終結段階において、製品の信頼性を確保するために厳密な検証を行うこと。

開発プログラムのプロセスを図3.8に示す。企業の場合は、経営戦略に沿って事業戦略を立案し、開発プログラムミッションを設定する。そして、それを達成するための開発プログラムを創生し、開発を実行する。国の場合は、国家戦略に沿って開発戦略を立案し、開発プログラムミッションを設定する。そして、達成するため開発費を予算化し、プログラムマネジャーを決定して開発を実行する。また、企業の開発プログラムに対して国が支援を行う場合もある。この場合は開発プログラム創生段階で国に提案を行う。

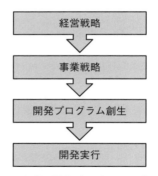

図3.8　企業の開発プログラムのプロセス

開発プログラム創生

開発プログラム創生にあたっては、事業戦略を受け、ミッションプロファイリングによりプログラムミッションを具体的に特定し、プログラムシナリオを設定する。次に、プログラムデザインにより開発プログラムの構造を明確化し、「開発プログラム構想計画」を立案する。このとき、最終的に事業化を達成し継続することを見込んで、複

数の製品シリーズの開発プロジェクト含めることが多い。

　開発プログラムの構成例を図3.9に示す。この例では、ある製品を事業化し継続するために、製品をシリーズ化（製品X－1、X－2、X－3）しており、各プロジェクトに共通する技術と、プロジェクトごとに差別化した技術とが必要とされる。

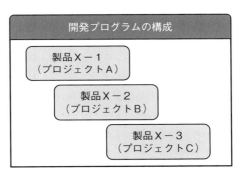

図3.9　開発プログラムの構成例

　開発プログラム創生の成果物は、「開発プログラム構想計画書」である。その中には製品コンセプト、事業コンセプト、研究開発ロードマップほかが含まれる。なお、事業コンセプトとは、事業の概要と特徴を示すものである。開発プログラム構想計画書の一例を図3.10に示す。

```
1.  製品コンセプト（機能、性能、特徴ほか）
2.  事業コンセプト（参入分野、市場動向、市場規模ほか）
3.  研究開発ロードマップ
4.  期待効果（技術革新、市場創世・拡大）
5.  関係する法制度・規制、許認可、知財等
6.  製品投入時期
7.  研究開発スケジュール
8.  研究開発体制
9.  投資金額（研究開発費、製造設備ほか）
10. 収支計画
11. ステークホルダー
12. リスク評価（リスク分析および解決策）
```

図3.10　開発プログラム構想計画書の一例

3.2　研究開発プログラムの構成

開発プログラムの実行

　開発プログラムは、開発プログラム構想計画書に従って実行される。開発プログラムは、開発ミッションを達成するために通常複数の開発プロジェクトから構成され、それらの関連性を保ちながら統括的にマネジメントしていく。開発プロジェクトの実行例を図 3.11 に示す。プロセスは以下のとおりである。

1. 要求仕様を満足するシステム設計によりシステム仕様を決定する。
2. システム仕様を満足するサブシステム設計によりサブシステム仕様を決定する。
3. サブシステム仕様を満足する部品設計により部品仕様を決定する。
4. 部品仕様により部品を製造する。
5. 部品が設計どおり製造されていることを、部品試験により確認する。
6. サブシステムを組み立て、サブシステム試験を行う。
7. システムを組み立て、システム試験を行う。
8. 要求仕様を満足していることを受入試験で検証する。

　図中の「ベリフィケーション」は設計仕様どおりに製作物ができて

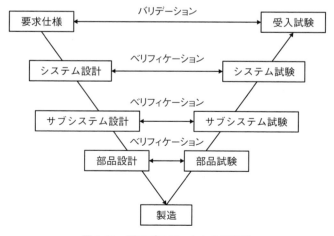

図 3.11　開発プロジェクトの実行例

いるかどうかの検証であり、「バリデーション」は要求仕様どおりにシステムができているかどうかの検証である。各試験の結果を設計仕様と比較した検証の結果、設計仕様に対して試験結果が未達の場合は、設計仕様を満足するまで開発を行うことが原則である。

検証を効率的に実施するために、表 3.1 に示す「検証マトリックス」を活用する。縦軸に構成品をリストアップし、横軸に設計仕様と検証手段を記述する。設計仕様に対して実施する試験項目について、計画時点では○を記しておき、設計仕様を満足する試験結果が得られたら●に変更する。単純な表だが、一目で検証状況が把握できるので、検証状況の情報共有および最終的な確認もでき、便利である。

また、ソフトウェアの開発手法としては、近年アジャイル開発が注目を浴びている。アジャイル開発とは、迅速かつ適応的にソフトウェア開発を行う開発手法群の総称で、最近では多数のアジャイル開発手法が考案されている[35]。

表 3.1 検証マトリックスの例（JEM 子アーム開発の場合）

構成品			設計仕様		検証手段						備考
システム	サブシステム	コンポーネント	従来製品	開発製品	類似性	解析・計算	性能確認	振動試験	熱真空試験	EMC	寿命試験	
子アームシステム						○	○	○	○	○		
	機構部					○						
		肩・肘関節				○	○	○	○			
		手首関節				○	○	○	○			
		ブーム他				○						
	ツール機構部					○	○	○	○			
	エレクトロニクス部					○	○			○		
	TV カメラ					○						
↓	↓		↓	↓	↓	↓	↓	↓	↓		↓	

3.2.3　事業化プログラムのマネジメント概要

事業化プログラムは、開発した製品・サービスを安定した品質で市

場に投入することが目的である。ここでは、事業化プログラムの対象を初期生産までとし、事業拡大に向けた事業運営は対象外とする。

まず経営戦略に沿って事業戦略を立案し、事業化プログラムミッションを設定する。続いて、それを達成するための事業化プログラムを創生し、市場投入の準備をして、製品・サービスを市場に投入する。事業化プログラムの流れを図 3.12 に示す。

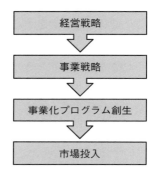

図 3.12　事業化プログラムのプロセス

事業化プログラム創生

　事業化プログラム創生とは、開発が完了した製品・サービスを市場に投入するための計画を立案することである。そのためには、認証の取得、製造設備の準備、販売・サービス網の構築、受注予測を行い、最終的に事業収支を計算して、適正な利益が確保可能かを確認する必要がある。これらをまとめた事業化計画書の一例を図 3.13 に示す。

　製品・サービスの種類により、市場投入の方法は異なる。例えば、受注生産を前提とした製品・サービスの場合、受注がなければ市場に投入できない。しかし、一方で製品・サービスを開発しなければ受注はできない。開発後の受注可否は、最大の事業化リスクである。これを回避するための一例として、あらかじめ顧客に製品コンセプトを提示し、開発完了後に購入してもらえるかというマーケット調査を行い、さらに発注の予約を受ける、という方法がある。もし開発が失敗または遅延したときは、顧客は予約を取り消すことができる。一方、

```
1.  市場・競合他社の動向
2.  製品コンセプト（製品のシリーズ化）
3.  事業規模の想定（想定利益）
4.  事業体制
5.  生産計画
6.  販売計画
7.  投資金額（研究開発費、製造設備ほか）
8.  収支計画
9.  ステークホルダー
10. リスク評価（リスク分析および解決策）
```

図 3.13　事業化計画書の一例

受注を前提としない量産品の場合は、サンプル品を市場投入し、市場の反応を見てから生産規模を決定し、段階的に製品を投入する。

3.3 研究開発マネジメントのパターン化

　前節では、研究開発プログラムを研究プログラム、開発プログラム、事業化プログラムに分け、それぞれについて説明した。本節では、研究開発を成功に導くために、研究開発の特性に合わせて3つのプログラムを組み合わせ、パターン化したプロセスとマネジメントについて説明する。

3.3.1　研究開発プログラムのパターン化

　研究開発プログラムには、研究と開発の関係、事業部門の研究開発への関わり方、事業化の時間的制約等により、様々なパターンが存在する。ここでは、研究開発プログラムを以下の3つのパターンに分類する。

① 連続型プログラム

　研究戦略に沿って自社技術をベースに研究プログラムからスタートし、開発プログラムを経て事業化プログラムに進むパターン。自社内で研究成果が出てから開発に進むという長期的な取組みとなるため、ニーズの変化や競合他社の動向等を常に把握して、柔軟にプログラムミッションを見直していく必要がある。

② 逆算型プログラム

　製品・サービスのコンセプトからさかのぼってプログラム創生を行い、研究または開発プログラムからスタートするパターン。計画時点において製品コンセプトを明確に規定し、事業化時期までに研究開発を効率的に進める必要がある。

③ 昇華型プログラム

　経営戦略および事業戦略に該当しない研究成果を活用した開発プログラムを経て、事業化プログラムに進むパターン。特に、外部の研究成果を活用する場合は、それらを常時監視して、インパクトのある研究成果を探し出し、所定の期間に事業化する必要がある。

　いずれのパターンにもフェーズゲートの概念を取り入れ、事業化までのプロセスを適切にマネジメントする流れとした[36,37]。新たに研究開発に着手する場合、上記の3パターンの中で自分の取り組む研究開発がどこに分類されるかを考えてみることにより、有効なマネジメントの方法が見えてくる。以下で各パターンを説明する。

3.3.2　連続型プログラムマネジメント

(1) 概要

　連続型プログラムマネジメントは、研究プログラム、開発プログラム、事業化プログラムの順に進むパターンで、企業において従来行われている標準的な研究開発のプロセスである。通常、研究プログラムは研究部門で、開発プログラムおよび事業化プログラムは事業部門で統

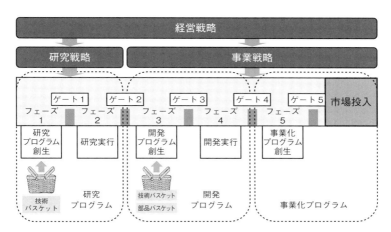

図 3.14　連続型プログラムマネジメント

括される。

連続型プログラムマネジメントの全体プロセスは、以下のとおりである（図 3.14）。

フェーズ1：研究プログラムを創生する。
ゲ ー ト1：研究プログラムの計画が承認される。
フェーズ2：研究を実行する。
ゲ ー ト2：研究の終結を判断すると同時に、事業部門が研究プログラムの成果を踏まえて事業化を目指した開発に着手するかどうかを判断し、事業戦略に組み込む。
フェーズ3：開発プログラムを創生し、具体的な計画を立案する。
ゲ ー ト3：開発計画が承認される。
フェーズ4：開発を実行する。
ゲ ー ト4：開発の終結を判断する
フェーズ5：事業化の判断を行うために事業計画を作成する。
ゲ ー ト5：事業化の開始を判断する。事業化の開始が承認されると、製品・サービスが市場に投入される。

(2) 事例[38]

連続型プログラムマネジメントは、従来、企業の研究部門と事業部門で実施されてきたマネジメントなので、多くの事例がある。その中から、半導体集積回路の事業化事例を紹介する。

1946年に稼働したエニアックは、17,000本の真空管、約9万個の抵抗やリレーなどの部品、それに500万箇所の手作業のハンダづけによる接合部からなる巨大な電子計算機であった。高性能化のためには、全ての部品を小型化する必要があり、米軍と宇宙機関が積極的に推進していた。

その頃、テキサス・インスツルメント（TI）社に入社したジャック・キルビーは、全ての構成部品を単純なやり方で小型化できないかと考え、集積化の研究を開始した。キルビーは、まず特定の不純物を制御しながら結晶を成長させて作る成長型トランジスタの技術を利用し、小さなシリコン棒をカットして抵抗を、またシリコン製のパワートランジスタ基盤をカットしてキャパシタを作り出した。1958年に、キルビーはこの試作品により半導体だけで回路が作れることを証明した。つまり、世界初の半導体集積回路を発見したのである。

この半導体集積回路の発明は、基礎研究の成果と実用的なデバイスや新技術を開発する上での新しい原理の応用により導かれた。したがって、応用研究に位置づけられる。

キルビーが開発した半導体集積回路は、メサ型トランジスタを使用していた。一方、フェアチャイルド・セミコンダクター（FS）社のロバート・ノイスは、プレナー型トランジスタを用いた半導体集積回路を開発し、FS社は、1959年7月に、プレナー・プロセスによって生産される半導体の集積回路の特許を取得した。この方式は、コンポーネントを際限なく小型化していくチップ上に集積させるという、半導体産業の標準的生産プロセスとなった。集積回路が初めて市場に出たのは1961年で、FS社の製品であった。

以来、全てのコンピュータはトランジスタを並べたものからチップを用いたものへと切り替わった。TI社は、1962年プレナー技術によって生産したチップをまず米空軍向けのコンピュータに採用した。

FS社とTI社は、1959年から10年間にわたり特許に関する法廷闘争を行った後、互いの特許を利用できるクロスライセンス契約を結んだ。

このように、半導体基板上に回路を作ることにより、従来の部品を使用した電子計算機から大幅に小型化した集積回路が製品化されたことは、情報処理産業に大きなインパクトを与えた。

(3) マネジメントのポイント

ここでは、(1)で概説した各フェーズ、ゲートについてさらに詳しく説明し、注意点などを述べる。

フェーズ1（研究プログラム創生）

研究プログラム創生では、自社で保有している技術基盤をベースに、将来の技術動向を予測して製品イメージを考え、研究テーマを設定し、研究計画を立案する。製品実現のための主要技術は自社で確立することを基本として、研究プログラム構想計画書を作成する。研究プログラム構想計画書には、製品イメージ、技術ロードマップ、研究計画書が含まれる。

研究費については、まずは研究目的を達成するために必要な予算を積み上げるが、通常それをそのまま確保することは難しい。そこで、予算低減のための工夫をするか、あるいは、外部機関との共同研究を行う、国の支援を受けるなどの対策をとる。国の支援を受ける場合は、第2章で紹介したJSTやNEDOの事例からもわかるとおり、様々な仕組みが準備されており、研究予算確保のほか、研究テーマの重要性を格上げする効果や社内での優先順位ランクアップも期待できる。

研究テーマは、研究戦略に沿って設定され、通常は経営戦略立案時点で研究部門と事業部門で意見のすり合わせが行われるが、研究部門が単独で研究テーマを設定することもある。

ゲート1

ゲート1では、研究プログラム構想計画書が研究戦略に照らし合わ

せて妥当であるかどうかが審査される。特に重視されるのは、研究のインパクトと研究費である。世界をリードする研究を行うためには、常日頃から世界の技術動向に関心を持ち、把握しておく必要がある。

フェーズ2（研究実行）

　研究は、研究プログラム構想計画書に従って実行する。フェーズ2で重要なことは、研究チームの立上げと、研究成果を達成するためのマネジメントである。研究チーム立上げのためには、研究計画で設定した人員を確保する必要があるが、組織に所属している研究者はそれぞれ連続的に研究に取り組んでいる。したがって、組織の中で研究の優先順位を付けて他部門から研究者を異動するか、外部から研究者を迎え入れなければならない。

　また、研究は、通常複数のサブジェクトを並行して実行するので、研究リーダーは常に各サブジェクトの進行状況を確認し、同時に進行上の障害を積極的に解決する必要がある。また、関連する部署に研究の達成状況を報告して、研究計画の軌道修正が必要となった場合に備えることも、マネジメントとして重要な活動である。

ゲート2

　ゲート2では、研究目標の達成状況について評価する。当初の研究目標が達成されていれば、研究完了と判断される。研究目標が達成できていない場合は、研究計画を見直すか、一時中断する。研究計画を見直した場合、概ね研究期間を延長し、研究費を追加することになる。ゲート2での審査は研究部門が主体的に実施するが、事業部門も参加して研究成果の確認を行い、事業部門として事業戦略にミッションを組み込み、次フェーズへの移行可否を判断する。

フェーズ3（開発プログラム創生）

　開発プログラム創生では、研究プログラムから得られた研究成果を活用し、事業コンセプト、製品コンセプト、開発計画書からなる開発プログラム構想計画書を作成する。

製品コンセプトの立案は非常に重要であり、市場動向、競合他社の状況を分析して製品のポジショニングを行い、製品の特徴、機能・性能を設定する。また、事業コンセプトの立案にあたっては、市場規模、事業規模、製品価格等を想定して事業性の評価を行う。事業性の評価が妥当であれば問題ないが、妥当でなければ事業性が成立する条件を探す。

開発計画においては、開発体制と開発予算の見積りが重要視される。開発体制は、自社内の関連部署、外部専門組織との共同開発、重要部品の調達先ほかを含めて構築することが重要である。開発予算については、過去に経験のある開発であればそれをベースに予算額を積み上げることができるが、経験がない場合は、外部専門組織から見積りを取ることにより開発費の見積り精度を上げることができる。

ゲート3

ゲート3では、開発プログラム構想計画書について審査を受ける。承認されれば開発をスタートできるが、承認されなければ承認否決の理由を把握して構想計画書を見直す。承認されない理由としては、ニーズが不明確、製品コンセプトがわかりにくい、開発費が大きすぎる、事業規模が小さい、事業利益が少ない等である。経営幹部の承認を得られるまで、粘り強く交渉を行うことが重要である。

ニーズを明確にするためには、専門の外部機関に依頼して定量的に市場ニーズを分析したり、顧客へのヒアリングを行ったりして現場の声を直接聞くことも重要である。また、技術的な説明だけを行うのではなく、ニーズから見て考えると、製品コンセプトがわかりやすくなる。

開発費は無理に低減しない方がよいものの、合理的に低減できるのであればぜひ検討するべきである。例えば、自社で開発しようとしている技術を専門会社と共同開発する、国の支援を受ける、予算の見積り精度を上げる等の方法が考えられる。

事業規模を大きくする施策は、製品コンセプトを見直してマーケットを広げる、国内だけではなく海外にも市場を広げる、製品をシリーズ化する等が考えられる。

事業利益を大きくするためには、損益分岐点を評価して販売数量を増やす、製品コストを低減する、投資額を低減する等の方法が考えられる。

フェーズ4（開発実行）

開発段階では、開発計画書で規定した開発目標、開発期間、開発費を指標とした、効率よいマネジメントを実行する必要がある。通常、複数の開発プロジェクトが並行して実施されるので、それらの関連性を把握したマネジメントが求められる。

開発目標のマネジメントは、まずシステムズエンジニアリングを行い、システム、サブシステム、部品に対して、開発目標を達成できる設計仕様を設定する。次に、部品製作、サブシステム組立て、システム組立ての各段階で、設計仕様に照らし合わせて開発目標が達成されているかどうかを評価する。設計仕様を満足していない場合は、スケジュールを考慮しつつ再検討が必要となる。

妥当な開発期間が設定でき、スケジュールどおりに開発を進められれば問題はないが、技術的な課題が発生し、予定した期間内に開発が終了しない場合がある。そこで、開発期間のマネジメントでは、まず計画段階でスケジュール上のマイルストンとクリティカルパスを明確化しておく。開発が開始したら、計画スケジュールに対する実績スケジュールの偏差を把握し、マイルストンを守る対策を行いながらマネジメントを行う。

開発費のマネジメントでは、承認された開発費の予算配分とリスク費の計画を作成し、進捗に従い発生したコストを積算して、その偏差を管理していく。開発費が大きい場合は、サブシステムレベルに開発費を分割して管理することも、マネジメント上有効である。複数の開発プロジェクトのマネジメントでは、プログラムマネジャーと各開発プロジェクトのプロジェクトマネジャーが定期的に集まり、進捗状況と課題の確認を行った上で対応策を検討する。開発目標、開発スケジュールまたは開発費が大幅に計画から変更した場合は、ステークホルダーが参加する臨時ゲートを設定し、開発の方向付けを行う。

ゲート4

ゲート4では、開発報告書をベースに開発の終結を判断する。開発が計画どおり完了していれば開発を終結できるが、そうでない場合は開発計画を見直すか、開発を中断する。開発計画の見直しでは、開発期間の延長、開発体制の強化、開発人員の強化、開発リーダーの交代等が検討される。開発終結は、開発目標が達成されているかどうかが最大のポイントであるが、公的機関による製品認証が必要な場合は、認証を取得した段階で開発終了と判断する。

ゲート4では、開発の終結判断と同時に、最新の情報で事業コンセプトを見直し、定量的に事業性を検討した事業企画書をもとに、事業化フェーズへの移行を審査する。事業化フェーズへの移行が承認されると、事業化プログラム創生を開始する。

フェーズ5（事業化プログラム創生）

事業化プログラム創生では、事業計画書と事業シナリオを作成する。事業計画書には、事業コンセプト、事業企画書、事業性の検討を踏まえて、最新の情報を取り入れ、さらに製品を市場に投入するための項目を追加して立案する。そのために、最新の市場動向、競合他社動向等を反映させてマーケットを見直すと同時に、市場への参入方法を決定し、ビジネスモデルの構築および生産体制の検討を行う。ここでは、営業部門および製造部門が事業化の検討に加わり、製品の市場投入に向けた具体的な準備を行う。

事業シナリオの作成にあたっては、楽観的シナリオ、標準的シナリオ、悲観的シナリオの3つを検討する。本検討は、事業部門が主体となって実施する。

ゲート5

ゲート5では、事業計画書と事業シナリオをベースに、製品の市場投入の判断を行う。営業体制、製造設備、メンテナンス体制等が整備されていることが確認され、ここで承認を得られれば、製品を市場に投入できる。以降は、市場の反応を見極めながら事業を拡大していく。

事業環境は、ニーズの変化、競合他社の動向、技術革新、価格競争などの要因により、大きく変化することが予想される。その中で事業を継続していくことを、航海にたとえ「ダーウィンの海を航海する」という。

3.3.3　逆算型プログラムマネジメント

(1)　概要

逆算型プログラムマネジメントは、事業戦略を受けて、製品・サービスのコンセプトを最初に規定し、そこからさかのぼって必要な研究開発を事業計画の中に立案して、研究開発を行うプロセスである。このパターンは事業計画からスタートするので、事業部門が主体となって推進する。また、事業化する製品・サービスを実現するために、研究までさかのぼってプログラムをスタートするか、あるいは開発からスタートするかで、2つのパターンに分けられる。

研究までさかのぼるパターンを「逆算型プログラムマネジメント(1)」とし、以下にそのプロセスを示す（図3.15）。

フェーズ1：事業化までのプロセスを想定した技術ロードマップを含めたプログラム計画書を作成する。
ゲート1：プログラム計画が承認される。
フェーズ2：研究を実行する。
ゲート2：技術ロードマップに従って研究成果が得られ開発に着手できるかを事業部門が判断する。
フェーズ3：開発プログラム創生で具体的な計画を立案する。
ゲート3：開発計画が承認される。
フェーズ4：開発を実行する。
ゲート4：開発の終結を判断する。
フェーズ5：事業化の判断をするために事業計画を作成する。
ゲート5：事業化の開始を判断する。事業化の開始が承認されると、製品・サービスが市場に投入される。

次に、研究まではさかのぼらず、開発からスタートするパターンを「逆算型プログラムマネジメント（2）」とし、以下にそのプロセスを示す（図 3.16）。

フェーズ1： 必要に応じて、研究レベルの技術開発（研究プロジェクト）も含めた開発計画書を作成する。

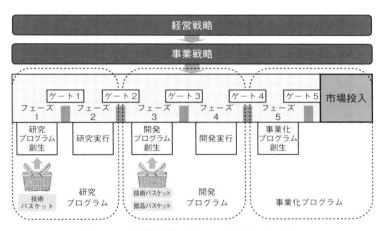

図 3.15　逆算型プログラムマネジメント（1）

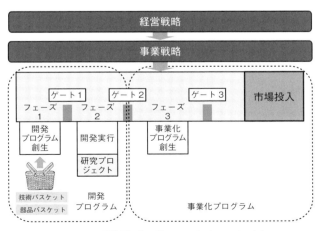

図 3.16　逆算型プログラムマネジメント（2）

ゲ ー ト1：開発計画書が承認される。
フェーズ2：開発を実行する。
ゲ ー ト2：開発の終結を判断する。
フェーズ3：事業計画を作成する。
ゲ ー ト3：事業化の開始を判断する。事業化の開始が承認されると、製品・サービスが市場に投入される。

(2) 事例

ここでは、逆算型プログラム(1)、(2)のそれぞれに当てはまる事例を一つずつ紹介する。

逆算型プログラム(1)

逆算型プログラム(1)の事例として、全地球測位システム（GPS：Global Positioning System）の研究開発を説明する。米国防総省高等研究計画局（ARPA、後のDARPA）は、1958～1960年前半に衛星を利用した船舶航法の研究を実施した。ARPAとその資金提供を受けたジョンスポプキンス応用物理研究所は、1960年に最初の衛星（Transit）を打ち上げ、ドップラーシフトを利用した複数Transit衛星による航法システムの実証を開始した。

その後、海軍のTimation衛星による精密な時計の軌道上実証や、空軍の621B計画によるドップラーシフトによらないPNコード測距方式の開発を経て、国防総省は、1973年にNAVSTAR/GPSのJoint Program Officeを設置し、米空軍と海軍が共同して「航空機や船舶の位置の情報をリアルタイムで正確に把握するシステム」の開発に着手した。これにより、本格的なGPSの開発が開始された。

1974年には原子時計を登載した初めての衛星（NTS-Ⅰ）が打ち上げられ、1977年にはセシウム原子時計およびPNコード発生器を搭載した初めての衛星（NTS-Ⅱ）が打ち上げられた。これらの試験衛星により、GPSに必要な基本的な要素技術が完成した。1978年に、GPSの最初のプロトタイプ衛星が打ち上げられ、1985年までに合計10機が軌道に投入された。しかし、1980年代前半には、地上で用い

るGPS受信機の大きさと重さが問題となっていた。そこで再び、DARPAが衛星航法システム開発の舞台に登場し、デジタル化によるGPS受信機の小型化の研究を成功させ、それまで最大16kgであった受信機を約1kgまで軽量化した。これにより、その後の受信機の携帯化に道を拓いた。1989年からは、実運用型のGPS衛星の打ち上げが開始され、1993年には24衛星が揃い、実質的な実運用状態に至った[39-41]。

このように、GPSシステムは、米海軍と空軍からの移動体の航法システムというニーズを踏まえて、国防総省が中心になり、DARPAや海軍、空軍の研究から開発を経て、事業化が達成されたのである。現在では、小型化、高精度化、低価格化がいっそう進み、軍事や公共交通機関のみならず、カーナビゲーションシステムやスマートフォンなどにも組み込まれ、社会に浸透している。第2章で説明したJAXAでも、このように事業コンセプトから研究・開発を経て事業化までのプロセスが確立されていると言える。

逆算型プログラム（2）

逆算型プログラム（2）の事例として、iPhoneの開発を説明する。iPhoneのコンセプトを考え出したのはアップルの"Explore New Rich Interactions"というチームで、彼らは2000年頃からタッチ式コンピュータを研究していた。その後、ヒューマンインタフェースの担当グループに所属していたチームが、指先でタップやズームの操作が可能なマルチタッチ式インタフェースを考案した。これらの研究成果により、スマートフォンという装置のコンセプトがほぼ確立された。さらに、エンジニアがスマートフォンに特化したブラウザの開発に成功し、インダストリアルデザインのチームとハードウェア担当者らの共同作業により、見た目も良く機能も充実した装置を作り上げたのである。

これらを踏まえ、アップルは、当時実績が少なかったマルチタッチというテクノロジーを新しい装置の中心に据えることを決断した。そして2007年、スティーブ・ジョブズがiPhoneをお披露目し、世界

の注目を集めて事業化に成功したのである。成功のポイントは、「先進的なハードウェアを驚くべき精度とクオリティで組み合わせ、人々が望ましいと思うインタフェースに仕上げたこと」である[42]。

第2章の企業事例（1）で説明した宇宙開発は、国際宇宙ステーションで使用される宇宙ロボットアームのコンセプトを実現するために開発を実施したものであり、この逆算型プログラム（2）に分類できる。

⑶ マネジメントのポイント

ここでは、逆算型プログラム（1）、（2）それぞれの各フェーズ、ゲートについてさらに詳しく説明し、注意点などを述べる。各プロセスの詳細は、連続型プログラムマネジメントも参照されたい。

逆算型プログラムマネジメント（1）
フェーズ1（研究プログラム創生）

逆算型プログラムマネジメント（1）は、事業戦略を受けて規定された製品・サービスのコンセプトを達成するために研究開発プログラムを立案し、マネジメントを行うパターンである。したがって、研究プログラム創生の段階で、製品コンセプト、技術ロードマップ、研究計画書に加え、事業コンセプトまで含めた研究開発プログラム構想計画書を作成する。

事業コンセプトにおいては、市場、業界、製品・サービス、事業の強み、他社との差別化のポイント、存在意義を明確にする。また、製品を市場に投入する最適なタイミングをはかることも重要である。製品コンセプトでは、事業コンセプトを踏まえて製品・サービスの概念を明確にする。技術ロードマップでは、これまでの研究開発の成果（技術バスケット）を踏まえて、製品実現のために必要な研究開発の道筋をイメージする。研究計画書では、研究目標、研究期間、研究体制、研究費用、研究責任者等を明確に規定する。事業分野によっては、長期間の研究開発プログラムになる場合もある。

ゲート1

ゲート1では、研究開発プログラム構想計画書について、事業戦略に沿っているか、事業部門が主体となり審査を行う。また、実際に研究を実施する研究部門も、本ゲートに参加する。研究着手が承認されれば、フェーズ2（研究実行）に進むことができる。

フェーズ2（研究実行）

連続型プログラムマネジメントの研究実行と同様に実施する。

ゲート2

ゲート2では、研究報告書に基づき、研究目標の達成状況について審査を受ける。当初の研究目標が達成されていれば、研究終結と判断される。研究目標が達成できていない場合は、研究計画を見直すか、一時中断する。研究計画の見直しでは、研究期間の延長、研究体制の強化、研究方法の見直し、研究リーダーの交代等が検討されるが、いずれの場合も研究費は増加する。

本ゲートは事業部門が主体的に実施するが、研究部門も参加して研究成果の妥当性を評価する。研究終結が判断されれば、フェーズ3（開発プログラム創生）に進むことができる。

フェーズ3（開発プログラム創生）

開発プログラム創生では、技術ロードマップおよび研究成果を踏まえて開発プログラム構想計画書を作成する。

ゲート3

ゲート3では、開発計画書を中心として審査を受ける。また、最新の情報を反映して事業コンセプト、技術ロードマップ、製品コンセプトを見直し、変更があれば審査を受ける。承認されれば開発をスタートできるが、開発目標を達成できない、達成できてもビジネスが成立しそうもない場合は、承認を得られない。

フェーズ4（開発実行）

連続型プログラムマネジメントの開発実行と同様に実施する。

ゲート4

連続型プログラムマネジメントと同様な審査を受ける。

フェーズ5（事業化プログラム創生）

連続型プログラムマネジメントの事業化プログラム創生と同様に実施する。

ゲート5

連続型プログラムマネジメントと同様な審査を受ける。

逆算型プログラム（2）
フェーズ1（開発プログラム創生）

逆算型プログラム（2）では、製品の早期市場投入を目的に、研究は行わずに開発を実施して市場投入する。このパターンでは、製品のキー技術が自社内にあることが前提となる。

開発プログラム創生では、事業企画書と開発計画書からなる「開発プログラム構想計画書」を作成する。事業企画書には、事業コンセプトと事業性の評価が含まれる。事業企画書の作成にあたっては、市場動向、事業規模、投資額、利益計画他を想定してビジネスモデルを検討し、定量的に事業性を評価する。事業を継続的に維持していくためには、複数の製品シリーズを想定して開発計画を立案しておくことも重要であるため、事業コンセプトには、複数の製品開発プロジェクトが含まれる場合がある。

開発計画書では、開発目標、開発期間、開発体制、開発費、開発責任者を明確に規定する。開発計画書の作成にあたっては、製品の概念設計を行うことによって、具体的な計画を立案することができる。概念設計では、複数の候補を比較評価しながら、最適なシステムを選定することが望ましい。また、競争力のある製品とするためには、開発

の中に研究レベルの技術開発を含めておくことも必要である。

ゲート1

ゲート1では、事業企画書と開発計画書について審査を受ける。通常、製品・サービスの開発には大きな投資が必要となるため、複数回にわたって慎重な審査が行われる。承認を得るために外部ステークホルダーの協力が必要になる場合もある。

フェーズ2（開発実行）

フェーズ2の基本的なマネジメントは連続型プログラムマネジメントの開発実行／終結と同様であるが、製品の早期市場投入を目指すためには、開発期間のマネジメントがより重要となる。開発期間を守るためのマネジメントとしては、フロントローディングとコンカレントエンジニアリングが有効である。フロントローディングは、早期に開発チームを立ち上げ、開発の初期段階で集中的に設計作業等を実施することで、後半の作業量と技術リスクの低減が図れる。コンカレントエンジニアリングは、関係する設計チームが設計情報を共有して、リアルタイムにエンジニアリングを行う手法である。この手法を実施するためには、作業開始前に情報の取扱い、設計作業費の処理等を取り決めておくことが必要となる。

ゲート2

ゲート2では、製品開発の終結とフェーズ3への移行の審査が行われる。

フェーズ3（事業化プログラム創生）

連続型プログラムマネジメントの事業化プログラム創生と同様である。

3.3.4 昇華型プログラムマネジメント

(1) 概要[43]

昇華型プログラムマネジメントは、経営戦略および事業戦略に該当しない研究成果を活用して、開発プログラム・事業化プログラムへと繋げる研究開発のプロセスである。プロセスを以下に示す(図3.17)。

フェーズ1：開発プログラム創生を行う。この昇華型プログラムマネジメントでは、事業部門が常時社内外の優れた研究成果を調査・評価する必要がある。また、その技術を事業に取り込んで開発に着手する判断をするためには、先行開発により研究成果の技術的可能性を確認し、具体的な開発計画書を作成することが重要である。なお、先行開発とは、開発に進む前に経営戦略、事業戦略および研究戦略の外で研究された成果の可能性を確認することである。

ゲート1：開発プログラム構想計画書が承認される。

フェーズ2：開発を実行する。

ゲート2：開発の終結を判断する。

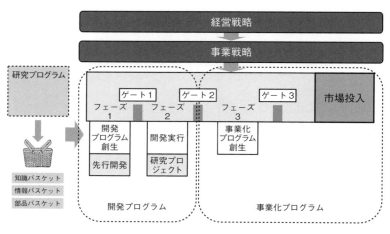

図3.17 昇華型プログラムマネジメント

フェーズ3：事業計画を作成する。
ゲート3：事業化の開始を判断する。事業化の開始が承認されると製品・サービスが市場に投入される。

(2) **事例**

昇華型プログラムでは、社内外の研究成果を取り込んで事業化する。社外の研究成果を事業化した例として炭素繊維を、社内の研究成果を事業化した例としてポストイットを紹介する。

炭素繊維[44]

1879年に、トーマス・エジソンが電球のフィラメント用に初めて炭素繊維を製造した。その後、1961年に大阪工業試験所がPNA系炭素繊維製造の基本原理を発表し、1970年に東レ㈱が大阪工業試験所の特許実施許諾を取得した。東レは1971年にPNA系炭素繊維の本格商業生産を開始し、1972年にまず釣り竿に、続いて1973年にゴルフクラブに炭素繊維を適用した。その後、スポーツ、航空・宇宙産業等にも適用を拡大し、現在では日本企業が世界を制覇している。その理由は、下記の3つである。

①欧米企業は航空機メーカーからの高度な性能要求に耐えきれず、技術革新競争で脱落した。
②企業経営の強い意志により、長期にわたる研究開発投資を継続した。
③日本政府から20年以上にわたり継続的な研究開発支援を受けることができた。

このように、炭素繊維は外部の研究成果を取り込み事業化に成功した昇華型プログラムであると言える。東レはその後も研究開発を継続し、事業拡大を進めている。

ポストイット[45]

　米国 3M 中央研究所のスペンサー・シルバーは、接着力の強い接着剤の開発要求を受け、実験を繰り返していたが、試作を重ねるうち、1968 年に、期待していたものとはまったく違った「よくくっつくけれども、簡単に剥がれてしまう」奇妙な接着剤ができあがった。「これは何か有効に使えるに違いない！」と直感したシルバーは、社内のあらゆる部門に、その接着剤の使い道についてのアイデアを募って歩いたが、なかなか成果は上がらなかった。

　それから 5 年後の 1974 年、製品事業部研究員アート・フライは、教会で讃美歌集のページをめくったときに接着剤の用途がひらめいた。目印に挟んでいたしおりが落ちたのを見て、シルバーが作り出した奇妙な接着剤を用いた「のりの付いたしおり」を思いつき、開発に取りかかったのである。こうして 1976 年にポストイットの本格的な試作品が完成し、1977 年の米国 4 大都市での大々的なテスト販売を経て、1980 年には全米発売が決定された。

(3)　マネジメントのポイント

　ここでは、(1) で概説した各フェーズ、ゲートについてさらに詳しく説明し、注意点などを述べる。各プロセスの詳細は、連続型プログラムマネジメントも参照されたい。

フェーズ 1（開発プログラム創生）

　フェーズ 1 では、外部研究機関から新事業を開拓するキーとなる技術を社内に取り込み、事業化するために、事業コンセプト、製品コンセプト、技術ロードマップ、開発計画書からなる開発プログラム構想計画書を作成する。

　昇華型プログラムマネジメントは、経営戦略としてオープンイノベーションを取り上げている企業で成立しやすく、自社の技術のみで事業化するクローズドイノベーションを文化としている企業には適用されにくい。本マネジメントのポイントは、外部の研究成果を常時監視し、様々な研究成果や技術の組合せにより、優れた製品・サービス

のコンセプトを構築できるか否かである。両者のマッチングの可能性が見いだせた場合、開発プログラム創生を開始する。

　外部の研究成果を内部に取り込み、製品・サービスに結びつけるにあたっては、「繋ぎのマネジメント」が重要になる。繋ぎのマネジメントとは、製品化構想段階での先行開発やフィージビリティスタディを指し、後工程での成功率を上げるためのマネジメントである。特に、外部から導入する研究成果や技術に関しては、その仕様や特性の違いによる影響が最大の課題となる。そこで、この違いが問題とならないように、キーとなる技術に関して先行してPOC（Proof of Concept）などを作成し、評価を行ってその特性を見極める。こうして先行開発で得られた経験を踏まえて開発計画を立案することにより、事業化成功の確率が高くなる。

　繋ぎのマネジメントには、自社で先行開発を行い技術的に繋ぐ方法のほかに、外部で研究していた研究者を開発チームに迎え入れて繋ぐ方法もある。

ゲート1

　ゲート1では、事業部門が主体となり開発プログラム構想計画書を審議する。研究部門も技術ロードマップを中心に審査に参加すると効果的である。

フェーズ2（開発実行）

　連続型プログラムマネジメントの開発実行／終結と同様なマネジメントとなる。

ゲート2

　ゲート2では、開発報告書と事業企画書が審査される。外部の研究成果を取り込むため、事業性については、プログラム創生時点では事業コンセプトまでの検討に留まるが、ゲート2では定量的な評価を加えた事業企画書の審査を受ける。

フェーズ3（事業化プログラム創生）

連続型プログラムマネジメントの事業化プログラム創生と同様である。

ゲート3

連続型プログラムマネジメントの審査と同様である。

3.3.5 3つのマネジメントパターンの特徴

これまでに説明してきた研究開発プログラムの3つのマネジメントパターンの特徴を、表3.2に比較して示す。提示されたプログラムミッションに対してミッションプロファイリングを実施する際、自分の立ち位置がどこにあるかを認識して研究開発プログラムのパターンを検討することにより、研究開発のプロセスがイメージでき、効率的なマネジメントが可能となる。

また、各パターンのフェーズゲートにおける主な審査項目を比較して表3.3に示す。特に研究を開始する判断、開発を開始する判断、事

表3.2 3つのマネジメントパターンの特徴

項目	連続型	逆算型（1）	逆算型（2）	昇華型
概要	研究からスタートして開発、事業化まで進める。	事業コンセプトから研究開発プログラムを立案する。	事業戦略を達成するために事業を企画して早期に開発を行う。	外部の最先端研究成果を取り入れて事業化する。
特徴	研究の成果に応じて事業化が左右される。研究の進捗に影響されるため事業化計画が変動的。	高い目標を達成するため、研究から開始する。プロセスは連続型と同様になるが、開始時に事業コンセプトが必要となる。	早期の事業化を目指したマネジメントが必要となる。確実な事業化が求められる。	外部の研究成果を自社内の基盤技術として育成することがポイント。そのために繋ぎのマネジメントが重要である。
シーズ／ニーズ	シーズ先行	ニーズ先行		シーズ・ニーズ
製品コンセプト	段階的に詳細化	開始時に明確なコンセプトを定義		
事業化時期	変動的	固定的		
事例	ナイロン、半導体集積回路	GPS	iPhone、宇宙ロボット	炭素繊維、青色LED、ポストイット

表3.3 各フェーズゲートでの主な審査項目

パターン	ゲート1	ゲート2	ゲート3	ゲート4	ゲート5
連続型	製品イメージ 技術ロードマップ 研究計画書	研究報告書	事業コンセプト 製品コンセプト 開発計画書	開発報告書 事業企画書	事業計画書 事業シナリオ
逆算型(1)	事業コンセプト 製品コンセプト 技術ロードマップ 研究計画書	研究報告書	開発計画書	開発報告書 事業企画書	事業計画書 事業シナリオ
逆算型(2)	事業企画書 製品コンセプト 開発計画書	開発報告書	事業計画書 事業シナリオ	—	—
昇華型	事業コンセプト 製品コンセプト 技術ロードマップ 開発計画書	開発報告書 事業企画書	事業計画書 事業シナリオ	—	—

業化を開始する判断を行うゲートが重要である。連続型プログラムマネジメントでは研究を開始する判断を行うゲート1、開発を開始する判断を行うゲート3および市場投入を開始する判断を行うゲート5が、逆算型プログラムマネジメント(1)では研究開発を開始する判断を行うゲート1と市場投入を開始する判断を行うゲート5が、逆算型プログラムマネジメント(2)と昇華型プログラムマネジメントでは、開発を開始する判断を行うゲート1と市場投入を開始する判断を行うゲート3が該当する。これらのゲートを通過するためには、次ステージにおける魅力的な提案をすることが重要である。第2章の企業事例(2)は、研究開発の各ゲートをマネジメントする手法について参考になる。

2.6節でも言及したとおり、研究と開発の間には「魔の川」、開発と事業化の間には「死の谷」という、次のステップに進むために越えなければならない困難が存在する。ここでもう一度、これまで説明してきた研究開発プログラムのマネジメントの観点で、なぜこれらを越えられないかを簡潔に整理する。

魔の川を渡れない理由
・研究の成果が当初目標に対して未達であるため、ゲートを越えられない。

・開発プログラム創生が不十分なため、ゲートを越えられない。

死の谷を越えられない理由
・開発の成果が当初目標に対して未達であるため、ゲートを越えられない。
・事業化プログラム創生が不十分なため、ゲートを越えられない。

　逆に言えば、上記の課題をクリアすることができれば、成功に導くことができる。

3.4 研究開発の成功

　研究開発の成功は、最終的に製品・サービスを市場に投入することである。つまり、

　研究開発プログラムの成功
　＝研究プログラムの成功＋開発プログラムの成功＋事業化プログラムの成功

と定義できる。研究プログラムの成功による技術確立、開発プログラムの成功による製品完成、事業化プログラムの成功による製品・サービスの市場投入が連続して進むのが理想だが、次のプログラム開始まで停滞する場合がある。その理由としては、資金、関連技術の成熟度、市場等に関する問題などが挙げられる。このような場合にも、製品・サービスを事業化する情熱を持ち続けることが大切である。

　また、研究開発の成功・失敗の主な要因を把握し、特に注意を払ってマネジメントすることも重要である。研究開発に関するベンチャー支援プロジェクト約470件の事例を分析・評価し、その要因を明らかにした例を表3.4に示す[46]。研究段階において失敗に陥りやすい要因は、①技術、②資金、③体制であり、成功の要因は、①資金、②目標、③体制の順となっている。このことから、研究段階で技術的な壁

に阻まれると研究は失敗するが、資金があればその壁を乗り越えられる可能性が高くなることがわかる。したがって、研究段階では、研究資金を調達するマネジメントが重要であると言える。

一方、開発段階で失敗に陥りやすい要因は、①技術、②資金、③市場であり、成功の要因は、①チームのリーダシップ、②実行部隊の熱意、③ユーザ評価の順となっている。このことから、研究と同様に開発も技術的な壁に阻まれると失敗するが、チームのリーダシップと実行部隊の熱意を持ち続けるマネジメントを実施すれば、成功に繋がると言える。

最後に、研究開発の成功に関して公表されている定義または成功率を以下に示す。

① DARPA の成功の定義
・誰かが成果を使うこと（米国防総省（DOD）以外でもよい）。
・アプリケーションに繋がる目的を持ちつつ、これまでになかった領域に関わる新しい知見やデータを取得すること。

②日経コンピュータのシステム開発成功の定義
　QCD 全てが目標達成（成功率：26.7 %）

図 3.4　研究開発を成功・失敗に導く要因

要因	研究		開発		備考
	失敗要因	成功要因	失敗要因	成功要因	
目標		②			
技術	①		①		
資金	②	①	②		
体制	③	③			
人員	④				
市場			③		
ユーザ評価			④	③	
チームのリーダシップ				①	
実行部隊の熱意		④		②	
経営幹部のリーダシップ				④	

（2014 年度 NEDO 報告書より作成）

③ P2M 標準ガイドブックの製品の成功確率
　生産財 27％／消費財 26％

④日本製薬工業協会の新薬開発の成功確率
　3 万分の 1（0.003％）

　なお、DARPA は研究プログラムの成功を定義している例であり、製品・サービスを市場に投入できなくても研究段階で上記の成果が上がれば成功としている。また、②〜④からは、製品の事業分野によって成功率が大きく異なることがわかる。

おわりに

　アルベルト・アインシュタインは、「失敗」について次の言葉を残している。「失敗したことがない人間は、新しい挑戦をしことがない人間である」。むろん、真意は、新しい挑戦には失敗はつきものだが、それを恐れずに挑戦し続けなければ成功は得られないということだ。

　「研究開発を成功に導くプログラムマネジメント」という少々大胆と思われるテーマで、この研究会は始まった。研究会メンバーは、どう見ても謙虚な科学者であり技術者であるが、研究開発には挑戦的な気持ちを強く持っている。メンバーは皆めったに得られない成功に向けて、いちずに励む人々であると言える。

　この人々が集まって、自分の失敗経験を語ることからこの委員会は始まった。企業が競争している限り、当然のこととして、何を研究しているか、何を開発しているかには、企業秘密が含まれる。しかし、この研究会の場では、お互いの信頼が醸造されてゆくにつれ、また、少しでも自己の経験が次世代の研究者、開発者に継承されればという気持ちが強くなるにつれ、打ち解けた雰囲気の中で、本音で成功に向けた教訓を話し合ってきた。その結果が、出版というかたちをとることに対して、躊躇する方もいたと思われる。しかし、多くの研究者、開発者に知ってもらいたい気持ちがそれを上回った。

　研究会メンバーの次の目標は、さらに内容を深め具体化した成功に向けた研究開発方法論である。『プログラム＆プロジェクト標準ガイドブック』の研究開発版で、例えば名を付けるなら『研究開発を成功に導く標準ガイドブック』である。本書は、さらに多くの分野の賛同者を加え、議論を重ね、次の数年に挑戦していくための中間成果物であると考える。研究開発にあたる次の世代が、事前に知って考えておくことで、失敗の淵を見ないことを願う。現状は、その入り口に立ったにすぎない。「プロジェクトとプロジェクトマネジメント」の分野でそのプロセスを高度に抽象化し、標準化した標準ガイドブックが世に出たように、研究開発分野でもそのような標準ガイドブックを作り

たい。その熱意を持って本書を完成させた。参加メンバーは、「次」を目指して討議を継続することを合意した。

　本書の発刊にあたっては、巻末の著者のほかに多くの方々の協力があった。日本プロジェクトマネジメント協会の職員には、陰に日向に支援していただいた。また、原稿を見て、「おもしろい、出版したい」と言って、その後も励まし続けていただいた近代科学社の小山透さん、編集段階で辛抱強く支えていただいた石井沙知さんのお2人に、深く感謝の意を表したい。

2018年8月
著者一同

用語解説

イノベーションマネジメント(innovation management)
　革新的な技術やアイデアから新しい価値を創造して、社会の変革(イノベーション)を実現し、そのことによって継続的な価値の獲得を達成するためのマネジメント。

M&A(Mergers and Acquisitions)
　企業の合併買収のことで、2つ以上の会社が一つになったり(合併)、ある会社が他の会社を買ったりすること(買収)。

オープンイノベーション(open-innovation)
　企業が社外の経営資源なども利用して研究開発を進める活動、および、企業が社内の知識資源等を活用して収益を得る活動。

技術経営(MOT:Management of Technology)
　技術に立脚する事業を行う企業・組織が、持続的発展のために、技術が持つ可能性を見極めて事業に結びつけ、経済的価値を創出していくマネジメント。

技術バスケット(technology basket)
　組織が過去に蓄積した技術の集合体。

クローズドイノベーション(closed-innovation)
　企業が内部の経営資源のみを利用して進める研究開発活動。

コンカレントエンジニアリング(concurrent engineering)
　製品の開発プロセスを構成する複数の工程を同時並行で進め、各部門間での情報共有や共同作業を行うことで、開発期間の短縮やコストの削減を図る手法。

システムアーキテクチャ（system architecture）
　システムに要求される目標を最も効率的に達成するため、システムを構成する各サブシステムが分担すべき機能や相互のデータのやり取りを規定する枠組み。大規模システムや新規システムの設計に先立って行われる計画検討のアウトプット。

ステークホルダー（stakeholder）
　企業・行政・NPO等の利害と行動に直接・間接的な利害関係を有する者を指す。日本語では利害関係者という。具体的には、消費者（顧客）、従業員、株主、債権者、仕入先、得意先、地域社会、行政機関など。

製品ライフサイクル（product-life-cycle）
　製品が市場に登場してから退場するまでの間のこと。

知の壁（wall of the intellect）
　組織が過去に蓄積した知識が発想を阻害する壁のように機能すること。

ネットワーキング（networking）
　複数のものごとや人を相互に繋いで、情報などが流通する網目状の経路を形成すること。

ビジネスモデル（business model）
　利益を生み出す製品やサービスに関する事業戦略と収益構造のこと。

フェーズゲート（phase-gate）
　企画、研究開発、市場投入に至るプログラムの各段階をフェーズに区切り、フェーズごとにベースライン文書との整合性を評価する仕組み。「ステージゲート」ともいう。

プロダクトアウト（product-out）
　市場のニーズを意識せず、企業側の意向や技術を重視して製品やサービスを開発し、それらを市場に導入する方法。マーケットインの対義語として用いられる。大量生産時代の典型的なマーケティング手法とも言え、現在ではマーケットインが重視されがちである。

フロントローディング（front-loading）
　製品開発プロセスの初期工程にリソースを投じ、これまで後工程で行われていた作業を前倒して進めること。

ポートフォリオ（portfolio）
　日本語に直訳すると「紙ばさみ」「折りかばん」「書類入れ」である。つまり「書類を運ぶためのケース」のことを表し、個々の書類を別々に扱うのではなく、書類全体を一つのものとして扱うという意味を持つ。

マーケットイン（market-in）
　商品の企画開発や生産において消費者のニーズを重視する方法。

マイルストン（milestone）
　プロジェクトの中で工程遅延の許されないような大きな節目。

ロードマップ（road map）
　企業が将来どのような製品をリリースしていくかという計画を時系列でまとめた図、あるいは表。

参考文献

[1] 有馬朗人(監修):『研究力』,東京図書,2001.
[2] 矢沢サイエンスオフィス:『ノーベル賞の科学(物理学賞編)』,技術評論社,2009.
[3] W. ハイゼルブルク:『部分と全体』,みすず書房,1974.
[4] 大和田政孝:研究開発を成功させるためのプロジェクトマネジメント,『日本プロジェクトマネジメント協会ジャーナル』,No. 49, pp. 5-8, 2014.
[5] 赤坂勇:『青い光に魅せられて』日本経済新聞出版社,2013.
[6] 大村智:『大村智物語』,中央公論新社,2015.
[7] 丹羽清:『技術経営論』第5章,東京大学出版会,2006.
[8] 金子秀:研究開発マネジメントの理論的考察,『社会科学論集』,第122号,p. 27, 2007.
[9] 一橋大学イノベーション研究センター:『イノベーション・マネジメント入門』,日本経済新聞社,2001.
[10] 延岡健太郎:『MOT「技術経営」入門』,p. 13,日本経済新聞社,2006.
[11] レジナ E. デュガン,カイガム J. ガブリエル:『DARPAの全貌:世界的技術はいかに生まれたか』,『DIAMOND ハーバード・ビジネス・レビュー』,7月号,pp. 88-101, 2014.
[12] 日本プロジェクトマネジメント協会(編著):『改訂3版 P2Mプログラム & プロジェクトマネジメント標準ガイドブック』,2014.
[13] PMI日本支部(監訳):『プログラムマネジメント標準 第3版』,2009.
[14] Lock, D. and Wagner, R.: *Handbook of Programme Management* (Second Edition), A Grower Book, 2016.
[15] JST概要 2017-2018.
[16] 国立研究開発法人科学技術振興機構:第3回戦略的創造研究推進事業国際評価 評価用資料(2016年1月28日,29日).
[17] 文部科学省報道発表資料:平成24年度戦略目標の決定について(科学技術振興機構 戦略的創造研究推進事業(新技術シーズ創出))平成24年2月10日.
[18] 「分散協調型エネルギー管理システム構築のための理論及び基盤技術の創出と融合展開」平成24年度募集・選考・研究領域運営にあたっての研究総括の方針.
[19] 平成26年7月 経済産業省 産業構造審議会 産業技術環境分科会(第1回).
[20] Yamashita, M., *et al.*: Impact evaluation of Japanese public investment to overcome market failure review of the top 50 NEDO Inside Products, *Re-*

search Evaluation, Vol. 22, pp. 316-336, 2013.
［21］　NEDO：世界最高水準の燃費と環境性能を持つクリーンディーゼル，『NEDO 実用化ドキュメント』，2013.
［22］　NEDO：高画質を手軽に楽しめる大容量光ディスク／ブルーレイディスクの開発，『NEDO 実用化ドキュメント』，2010.
［23］　長友正徳ほか：JEM RMS の宇宙実証試験，『電子情報通信学会技術研究報告』，1997.
［24］　小田光茂：ETS-VII ロボット実験系の軌道上実験成果，『電子情報通信学会技術報告』，1999.
［25］　Owada, M., *et al.*：Flight Model of Small Fine Arm for KIBO, ISTS2002, 2002.
［26］　Suzuki, M., *et al.*：Development of End Effector and Grapple Fixture for the Small Fine Arm for KIBO, ISTS2002, 2002.
［27］　Endo, H. ほか：PERFORMANCE OF JAPANESE ROBOTIC ARMS OF THE INTERNATIONAL SPACE STATION,『IFAC 論文集』，2010.
［28］　国際 P2M 学会：P2M V2.0 コンセプト基本方針，2008.
［29］　吉野完：R&D バブル崩壊後のハイテク開発戦略，『知的資産創造』，Vol. 11，No. 5，pp. 80-97，野村総研，2003.
［30］　谷井良：MOT 概念を導入した技術イノベーションの可能性　魔の川・死の谷の打破，『中京学院大学経営学会研究紀要』，Vol. 17, No. 2, pp. 27-36, 2010.
［31］　廣瀬貞夫（監修）：『IPD 革命』，工業調査会，p. 27，2003.
［32］　Kiyota, M., Kubo, H.：A Study on P2M and Matrix Tool Application to R&D Stage Problems, *Journal of the International Association of P2M*, Vol. 11, No. 1, pp. 58-73, 2016.
［33］　清田守，久保浩史 2015：死の谷を越える R&D 型プログラムマネジメント手法の提案と実践，『国際 P2M 学会誌』，Vol. 10, No. 1, pp. 157-173, 2015.
［34］　Stokes, D. E.：*Pasteur's Quadrant : Basic Science and Technological Innovation*, Brookings Institution Press, 1997.
［35］　片山雅憲，小原由紀夫，光藤昭男：『アジャイル開発の道案内』，近代科学社，2017.
［36］　日本プロジェクトマネジメント協会：『改訂 3 版 P2M プログラム＆プロジェクトマネジメント標準ガイドブック』pp. 75-76，2014.
［37］　ロバート・G・クーパー：『ステージゲート法―製造業のためのイノベーション・マネジメント』，英治出版，2012.
［38］　矢沢サイエンスオフィス編著：『ノーベル賞の科学［物理学賞編］』，技術評論社，p. 143, 2009.
［39］　坂井丈泰：『GPS 技術入門』，東京電機大学出版，2003.

［40］　Parkinson, B. W., Spilker, J. J. : *Global Positioning System: Theory and Applications*, Volume Ⅰ, The American Institute of Aeronautics and Astronautics, 1994.
［41］　Alexandrow, C. : THE STORY of GPS, *50 Years of Bridging the Gap*, DARPA, 2016.
［42］　カーマイン・ガロ：『スティーブ・ジョブズ 驚異のイノベーション』，日経BP 社，2010.
［43］　ヘンリー・チェスブロウ（編）：『オープンイノベーション』，英治出版，2008.
［44］　東レ㈱：トレカ
　　　　http://www.torayca.com/index.html
［45］　3M：ポストイットノート 不屈の魂が生んだ世界のオフィスの必需品
　　　　http://www.mmm.co.jp/wakuwaku/story/story2-1.html
［46］　NEDO：分野横断的公募事業の成功と失敗事例分析と今後の技術開発型ベンチャー関連支援制度に関する検討，2013.

索　引

■ 英字 ■

ACCEL ………………………………… 24
CREST ………………………………… 23
DARPA …………………………… 11, 108
DARPA モデル ………………………… 11
ERATO ………………………………… 24
GHPM …………………………………… 17
GPS …………………………………… 108
ImPACT ………………………………… 21
iPhone ………………………………… 109
JAXA …………………………………… 42
JST ……………………………………… 21
KPI ……………………………………… 18
LL ……………………………………… 49
M&A ……………………………… 5, 125
MOT ……………………………… 11, 125
NEDO …………………………………… 32
PMAJ …………………………………… 14
PMI ……………………………………… 16
PMO ………………………………… 48, 76
PMP …………………………………… 54
POC ………………………………… 24, 117
PPP ……………………………………… 49
RAM …………………………………… 76
SIP ……………………………………… 21
WBS …………………………………… 76

■ あ行 ■

青色発光ダイオード ……………………… 7
アジャイル開発 ………………………… 95
イノベーション ………………………… 10
イノベーションマネジメント … 10, 125
イベルメクチン ………………………… 8

宇宙ロボットアーム …………………… 55
応用研究 ………………………………… 3
オープンイノベーション … 91, 116, 125
オペレーション型プログラム ………… 15

■ か行 ■

開発 ……………………………………… 3
開発計画 ……………………………… 103
開発体制 ……………………………… 103
開発プログラム ………………………… 91
開発プログラム創生 …………………… 92
開発予算 ……………………………… 103
技術経営 ………………………… 11, 125
技術バスケット ………………… 110, 125
技術ロードマップ ……………………… 90
基礎研究 ………………………………… 2
逆算型プログラム ……………………… 98
逆算型プログラムマネジメント … 106
クリーンディーゼルエンジン ………… 35
クローズドイノベーション
　………………………………… 91, 116, 125
研究 ……………………………………… 2
研究開発プログラム …………………… 86
研究プログラム ………………………… 87
研究プログラム創生 …………………… 88
検証マトリックス ……………………… 95
コンカレントエンジニアリング
　……………………………………… 113, 125

■ さ行 ■

サービス ………………………………… 3
さきがけ ……………………………… 24
サブジェクト ………………………… 88

131

シーズオリエンテッド……………… 12
事業………………………………… 4
事業化プログラム………………… 95
事業コンセプト…………………… 93
システム…………………………… 4
システムアーキテクチャ………… 126
システム開発……………………… 4
実験研究…………………………… 3
死の谷……………………… 71, 120
昇華型プログラム………………… 98
昇華型プログラムマネジメント… 114
スコープ…………………………… 46
ステークホルダー………………… 126
ストークスの分類………………… 88
製品開発…………………………… 4
製品コンセプト…………………… 90
製品ライフサイクル……………… 126
線形モデル………………………… 10
先行開発…………………… 114, 117
戦略型プログラム………………… 15
戦略的創造研究推進事業………… 21
総括実施型研究…………………… 24
相互浸透…………………………… 9

■ た行 ■

ダーウィンの海…………… 70, 106
炭素繊維…………………………… 115
知の壁……………………………… 126
繋ぎのマネジメント……………… 117

■ な行 ■

ニーズオリエンテッド…………… 12
ネットワーキング………………… 126

■ は行 ■

バリデーション…………………… 95

半導体集積回路…………………… 100
ビジネスモデル…………………… 126
フィージビリティスタディ… 31, 117
フェーズゲート…………………… 126
部品開発…………………………… 4
ブルーレイディスク……………… 39
プログラム………………………… 13
プログラムデザイン………… 14, 88
プログラムマネジメント………… 13
プログラムマネジャー…………… 11
プログラムミッション…………… 14
プロジェクト……………………… 13
プロジェクトマネジメント……… 13
プロジェクトマネジャー………… 54
プロダクトアウト………………… 127
フロントローディング…… 113, 127
ベリフィケーション……………… 94
ポートフォリオ……………… 17, 127
ポストイット……………………… 116

■ ま行 ■

マーケットイン…………………… 127
マイルストン………………… 104, 127
魔の川……………………… 71, 119
ミッション………………………… 44
ミッションプロファイリング… 14, 88

■ ら行 ■

理論研究…………………………… 2
連鎖モデル………………………… 10
連続型プログラム………………… 98
連続型プログラムマネジメント… 98
ロードマップ……………………… 127

著者紹介

編者
特定非営利活動法人 日本プロジェクトマネジメント協会（PMAJ）
1998年から2001年に財団法人 エンジニアリング振興協会（現 一般財団法人エンジニアリング協会（ENAA））が、経済産業省の委託事業として我が国のPMスタンダードとなっている『P2Mプロジェクト＆プログラムマネジメント標準ガイドブック』を開発。PMAJは国内外でP2Mの資格認定と普及活動、および産業発展のための活動を実施している。

執筆者（五十音順）
天野 元明（田辺三菱製薬株式会社）
岩田 隆敬（国立研究開発法人宇宙航空研究開発機構）
大村 英雄（北陸先端科学技術大学院大学　博士後期課程）
大和田 政孝（株式会社日立製作所（執筆時）〈全体構想、リーダー〉）
小原 英雄（国立研究開発法人科学技術振興機構）
清田 守（株式会社リコー（執筆時））
久保 裕史（千葉工業大学）
佐藤 信一（日本電波工業株式会社）
調 麻佐志（東京工業大学）
竹下 満（国立開発法人新エネルギー・産業技術総合開発機構（執筆時））
光藤 昭男（特定非営利活動法人日本プロジェクトマネジメント協会〈企画、監修〉）
山中 康朗（株式会社IHI（執筆時））

研究開発を成功に導く
プログラムマネジメント

© 2018 Project Management Association of Japan (PMAJ)
Printed in Japan

2018年9月30日　初版第1刷発行

編　者　　日本プロジェクトマネジメント協会

発行者　　井　芹　昌　信

発行所　　株式会社 近代科学社

〒162-0843　東京都新宿区市谷田町2-7-15
電　話 03-3260-6161　振　替 00160-5-7625
http://www.kindaikagaku.co.jp

藤原印刷　　　　　　　　ISBN978-4-7649-0576-4
　　　　　　　　　　定価はカバーに表示してあります．